普通高等院校
应用型本科计算机专业系列教材

JAVAEE CHENGXU SHEJI
JI XIANGMU KAIFA JIAOCHENG(JSP PIAN)

JavaEE程序设计·····
及项目开发教程(JSP篇)

主　编 / 黄　玲　罗丽娟
副主编 / 陈　甫　张正龙　陈永政

U0343642

重庆大学出版社

内容提要

本书分为两大部分,共十章。第一部分(1—5 章)着重讲解理论知识,第一章介绍 Windows 环境下搭建和配置 Web 开发环境的过程,并建立第一个 Web 工程。第二章讲述 JSP 脚本语言,包括 JSP 指令标签与动作标签、JSP 内置对象等。第三章详细介绍了 Servlet 的运行原理,并介绍了过滤器和监听器的使用。第四章讲解了数据库编程 JDBC,包括 mysql 数据库的基本操作方法、JDBC 的使用。第五章介绍了 MVC 编程思想,并利用该编程模式与前几章学习的知识完成了第一个完整的用户登录功能。第二部分(6—10 章)项目实做,进行项目的详细设计,主体功能的编码与测试工作,以提高读者的项目开发经验和强化编程技能,并对系统进行优化处理,以达到进一步巩固和拓展技能的目的。

图书在版编目(CIP)数据

JavaEE 程序设计及项目开发教程.JSP 篇/黄玲,罗

丽娟主编 .—重庆:重庆大学出版社,2017.1(2018.12 重印)

普通高等院校应用型本科计算机专业系列教材

ISBN 978-7-5624-9897-1

Ⅰ.①J⋯ Ⅱ.①黄⋯②罗⋯ Ⅲ.①JAVA 语言—程序

设计—高等学校—教材 Ⅳ.①TP312

中国版本图书馆 CIP 数据核字(2016)第 140575 号

普通高等院校应用型本科计算机专业系列教材

JavaEE 程序设计及项目开发教程(JSP 篇)

主 编 黄 玲 罗丽娟

副主编 陈 甫 张正龙 陈永政

责任编辑:陈一柳 版式设计:陈一柳

责任校对:邹 忌 责任印制:赵 晟

*

重庆大学出版社出版发行

出版人:易树平

社址:重庆市沙坪坝区大学城西路 21 号

邮编:401331

电话:(023) 88617190 88617185(中小学)

传真:(023) 88617186 88617166

网址:http://www.cqup.com.cn

邮箱:fxk@ cqup.com.cn (营销中心)

全国新华书店经销

重庆俊蒲印务有限公司印刷

*

开本:787mm×1092mm 1/16 印张:15.25 字数:365千

2017 年 1 月第 1 版 2018 年 12 月第 2 次印刷

ISBN 978-7-5624-9897-1 定价:32.00 元

前　言

　　Java 是目前世界上最流行的计算机编程语言,是一种可以编写跨平台应用软件的面向对象的程序设计语言。Java 有着自己独特的优势:语言简单,是一个面向对象、分布式应用并且安全、体系结构中立并且可移植,最重要的是:它是一个动态语言。

　　权威统计机构统计,在所有软件开发类人才的需求中,对 Java 工程师的需求达到全部需求量的 60% ~70% 。Java 工程师的薪水相对较高,通常来说,具有 3 ~5 年开发经验的工程师,拥有年薪 10 万元是很正常的一个薪酬水平。

　　根据教材开发团队多年的软件项目开发经验,Java 软件工程师的核心职业能力由低到高被划分为四个层次:基本编码与调试能力、面向对象分析及 C/S 软件开发能力、B/S 网站开发能力、主流框架应用开发能力。本教材面向第三个层次,适合于具备 Java 语言基础,准备进入 Web 应用程序开发领域的初学者。

　　本书基于“教、学、做”一体的教学模式,根据任务需要对知识点进行整合与精简。本书分为理论和项目实做两部分,以翔实的内容和丰富的案例引领读者学习 JSP/Servlet/JavaBean 知识体系,以“项目主线”组织论述,重点强调实践动手能力和工程应用的能力的培养。体现了“学以致用”的思想。实做技能描述步骤清楚,调理清晰,具备相当的可操作性。

　　本书是一本可以使读者快速掌握 JavaWeb 编程技术,建立 MVC 设计模式思想的书籍,它是一本可以使读者快速提高软件开发技能,并达到软件开发岗位任职能力要求的书籍。本书以新闻发布系统为主线,以完成新闻发布、查询、修改、删除等功能为主要任务,采用“案例制”和“项目制”相结合的教学方法讲解 Servlet 软件开发技术,并综合应用上述技术搭建具有较好扩展性、伸缩性、灵活性的软件开发框架,并在实现过程中列举大量关键代码和注释帮助读者理解功能实现。

　　本书分为两大部分,共十章。第一部分(1-5 章)着重讲解理论知识,第一章介绍Windows 环境下搭建和配置 Web 开发环境的过程,并建立第一个 Web 工程。第二章讲述JSP 脚本语言,包括 JSP 指令标签与动作标签、JSP 内置对象等。第三章详细介绍了 Servlet的运行原理,并介绍了过滤器和监听器的使用。第四章讲解了数据库编程 JDBC,包括MySQL 数据库的基本操作方法,JDBC 的使用。第五章介绍了 MVC 编程思想,并利用该编程模式与前几章学习的知识完成了第一个完整的用户登录功能；第二部分（6-10 章）项目实做，进行项目的详细设计，主体功能的编码与测试工作，以提高读者的项目开发经验和强化编程技能，并对系统进行优化处理，以达到进一步巩固和拓展技能的目的。

　　本书由黄玲、罗丽娟主编，陈甫、张正龙、陈永政副主编。黄玲主持了全书的编写以及审稿工作，并编写了第 1-5 章；罗丽娟编写了第 6-10 章；陈甫、张正龙、陈永政参与了第 4,5 章与项目实做部分章节编写工作。

　　由于作者水平有限，书中难免有疏漏和错误之处，欢迎广大读者提出宝贵的意见。

编　者

2016 年 3 月

目录 CONTENS

第一部分　理论阐述

第二部分　项目实做

第一部分　理论阐述

第一章 | Web 开发环境安装配置与使用

很多人都说,没有 Web 计算机网络就会变得少了很多东西。计算机网络在 20 世纪 60 年代就已经出现,而 Web 最早的创作思想却来源于为世界各地的科学家提供一个可以共享的平台。当第一个图形界面的 WWW 浏览器 Mosaic 在美国国家超级计算应用中心 NCSA 诞生后,此后将近 30 年的发展,使 Web 成为计算机网络发展的生力军,未来它也将影响着计算机网络的发展。

当 1993 年第一款 Web 浏览器面向大众的时候,它只是一款支持书签、图标的用户界面。仅仅是这样一款小小的浏览器却从此改变了计算机网络发展的道路,因为它的重大革新——图片支持,从这一刻起,下载图片成为可能,并且改变了人们浏览因特网的方式。很多人都说,如果没有 Web,如今的网络可能会发展成另一番模样。未来,Web 的发展必将是无可限量的,并且影响着计算机网络技术的发展。

1.1 搭建 Web 开发环境

在本节将学习:
- BS 应用程序的相关背景;
- BS 应用程序设计所需技能;
- 项目开发所需软件的安装。

1.1.1 B/S 与 C/S 模式的介绍

B/S 是 Browser/Server(浏览器/服务器)模式,服务器装好后,其他人只需要用浏览器(如 IE)就可以正常浏览。

C/S 是 Client/Server(客户端/服务器端)模式,服务器装好后,其他人还需要在客户端的计算机上安装专用的客户端软件才能正常浏览操作。

随着 Internet 和 WWW 的流行,以往的 C/S(客户端/服务器端)无法满足当前的全球网络开放、互连、信息随处可见和信息共享的新要求,于是就出现了 B/S 型模式,即浏览器/服务器结构。B/S 模式最大特点是:用户可以通过 WWW 浏览器去访问 Internet 上的文本、数据、图像、动画、视频点播和声音信息。这些信息都是由许许多多的 Web 服务器产生的,而每一个 Web 服务器又可以通过各种方式与数据库服务器连接,大量的数据实际存放在数据库服务器中。客户端除了 WWW 浏览器,一般无须任何用户程序,只需从 Web 服务器上下载程序到本地来执行,在下载过程中若遇到与数据库有关的指令,由 Web 服务器交给数据库服务器来解释执行,并返回给 Web 服务器,Web 服务器又返回给用户。在这种结构中,将许许多多的网连接到一块,形成一个巨大的网,即全球网。而各个企业可以在此结构的基础上建立自己的 Intranet。

- C/S 模式的优点

  ➤ 由于客户端实现与服务器的直接相连,没有中间环节,因此响应速度快。

  ➤ 操作界面漂亮、形式多样,可以充分满足客户自身的个性化要求。

  ➤ C/S 结构的管理信息系统具有较强的事务处理能力,能实现复杂的业务流程。

- C/S 模式的缺点

  ➤ 需要专门的客户端安装程序,分布功能弱,针对点多面广且不具备网络条件的用户群体,不能够实现快速部署安装和配置。

  ➤ 兼容性差,对于不同的开发工具,具有较大的局限性。若采用不同工具,需要重新改写程序。

  ➤ 开发成本较高,需要具有一定专业水准的技术人员才能完成。

- B/S 结构的优点

  ➤ 具有分布性特点,可以随时随地进行查询、浏览等业务处理。

  ➤ 业务扩展简单方便,通过增加网页即可增加服务器功能。

  ➤ 维护简单方便,只需要改变网页,即可实现所有用户的同步更新。

  ➤ 开发简单,共享性强。

- B/S 模式的缺点

  ➤ 个性化特点明显降低,无法实现具有个性化的功能要求。

  ➤ 操作是以鼠标为最基本的操作方式,无法满足快速操作的要求。

  ➤ 页面动态刷新,响应速度明显降低。

  ➤ 无法实现分页显示,给数据库访问造成较大的压力。

  ➤ 功能弱化,难以实现传统模式下的特殊功能要求。

1.1.2　Web 开发要具备的技能

1. 客户端

(1)HTML 语言

为了使网络上发布的网页能够被世界各地的浏览者所阅读,需要一种规范化的发布语言。在万维网(WWW)上,文档的发布语言是 HTML。HTML 的意思是 Hypertext Marked Language,即超文本标记语言,就是该类文档有别于纯文本的单个文件的浏览形式,超文本文档中提供的超级链接能够让浏览者在不同的页面之间跳转。

标记语言是一种基于源代码解释的访问方式,它的源文件由一个纯文本文件组成,代码由许多元素组成,而前台浏览器通过解释这些元素显示各种样式的文档。换句话说,浏览器就是把纯文本的后台源文件以赋有样式定义的超文本文件方式显示出来。

HTML 和网络是紧密相连的,HTML 语言的发展和浏览器的支持是密不可分的,在 20 世纪 90 年代网络刚刚兴起时,多种浏览器同时流行于世界各地,它们支持 HTML 语言的标准也各不相同,这就限制了 HTML 标记语言本身的发展。后来,W3C 网络标准化组织联手一些主流浏览器的开发厂商一同定义 HTML 标准,并且力推浏览器解释语言和显示方法的统一。

到今天,IE 浏览器随着 Windows 操作系统的绝对垄断地位占据着主流市场,这也在另一方面为 HTML 标准的统一起到了关键作用。

简言之,HTML 就是设计网页的基本语言。

（2）CSS 样式表

CSS 是 Cascading Style Sheet 的缩写,译作"层叠样式表单",是用于(增强)控制网页样式并允许将样式信息与网页内容分离的一种标记性语言。它能够对 HTML 网页中的布局、字体、颜色、背景和其他文图效果实现更加精确地控制。

CSS 只需通过修改一个文件就改变页数不定的网页的外观和格式(自动化功能)。可以这么说,CSS 就是辅助 HTML 页面使之"画面"更好看并更容易设计的工具。

（3）JavaScript 脚本语言

JavaScript 是一种脚本语言,比 HTML 要复杂。不过,即便你不懂编程,也不用担心,因为 JavaScript 写的程序都是以源代码的形式出现的,也就是说在一个网页里看到一段比较好的 JavaScript 代码,恰好你也用得上,就可以直接拷贝,然后放到你的网页中去。正因为可以借鉴、参考优秀网页的代码,所以,JavaScript 也变得非常受欢迎,从而被广泛应用。原来不懂编程的人,多参考 JavaScript 示例代码,也能很快上手。

HTML 网页在互动性方面能力较弱,例如,下拉菜单就是用户单击某一菜单项时,自动会出现该菜单项的所有子菜单,用纯 HTML 网页无法实现;又如验证 HTML 表单(Form)提交信息的有效性,用户名不能为空,密码不能少于 4 位,邮政编码只能是数字之类,用纯 HTML 网页也无法实现。要实现这些功能,就需要用到 JavaScript。

JavaScript 主要是基于客户端运行的,用户单击带有 JavaScript 的网页,网页里的 JavaScript 就传到浏览器,由浏览器对此作处理。前面提到的下拉菜单、验证表单有效性等大量互动性功能,都是在客户端完成的,不需要和 Web Server 发生任何数据交换,因此,不会增加 Web Server 的负担。

几乎所有浏览器都支持 JavaScript,如 Internet Explorer（IE）,Firefox,Netscape,Mozilla,Opera 等。

总的来说,JavaScript 是一种解释性的、用于客户端的、基于对象的脚本语言。

注意:JavaScript 和 Java 很类似,但终究还是不一样。初学者往往容易把二者混为一谈,其实二者根本就是两种语言! Java 是一种比 JavaScript 更复杂许多的程式语言,而 JavaScript 则是相当容易了解的脚本语言。JavaScript 创作者可以不那么注重程式技巧,所以许多 Java 的特性在 JavaScript 中并不支持。

2. 服务端

（1）JSP

JSP（Java Server Pages）是由 Sun Microsystems 公司倡导,许多公司一起参与建立的一种动态网页技术标准。JSP 技术类似 ASP 技术,它是在传统的网页 HTML 文件（ * . htm, * . html）中插入 Java 程序段（Scriptlet）和 JSP 标记（Tag）,从而形成 JSP 文件（ * . jsp）。

用 JSP 开发的 Web 应用是跨平台的,既能在 Linux 下运行,也能在其他操作系统上运行。

JSP 技术使用 Java 编程语言编写类 XML 的 Tags 和 Scriptlets,来封装产生动态网页的处理逻辑。网页还能通过 Tags 和 Scriptlets 访问存在于服务端资源的应用逻辑。JSP 将网页逻辑与网页设计和显示分离,支持可重用的基于组件的设计,使基于 Web 的应用程序的开发变得迅速和容易。

Web 服务器在遇到访问 JSP 网页的请求时,首先执行其中的程序段,然后将执行结果连同 JSP 文件中的 HTML 代码一起返回给客户。插入的 Java 程序段可以操作数据库、重新定向网页等,以实现建立动态网页所需要的功能。

JSP 页面由 HTML 代码和嵌入其中的 Java 代码所组成。服务器在页面被客户端请求以后对这些 Java 代码进行处理,然后将生成的 HTML 页面返回给客户端的浏览器。Java Servlet 是 JSP 的技术基础,而且大型的 Web 应用程序的开发需要 Java Servlet 和 JSP 配合才能完成。JSP 具备了 Java 技术的简单易用、完全的面向对象、具有平台无关性且安全可靠、主要面向因特网的所有特点。

自 JSP 推出后,众多大公司都支持 JSP 技术的服务器,如 IBM,Oracle,Bea 公司等,所以 JSP 迅速成为商业应用的服务器端语言。

可以这么说,JSP 就是嵌入了功能强大的 Java 语言的动态网页。

(2)Servlet 技术

Servlet 技术是 Sun 公司提供的一种实现动态网页的解决方案,它是基于 Java 编程语言的 Web 服务器端编程技术,主要用于在 Web 服务器端获得客户端的访问请求信息和动态生成对客户端的响应消息。Servlet 技术也是 JSP 技术的基础。一个 Servlet 程序就是一个实现了特殊接口的 Java 类,用于被支持 Servlet 的 Web 服务器调用和运行,即只能运行于具有 Servlet 引擎的 Web 服务器端。一个 Servlet 程序负责处理它所对应的一个或一组 URL 地址的访问请求,接收访问请求信息和产生响应内容。

(3)Java 语言

Java 是一种简单的、面向对象的、分布式的、解释的、健壮的、安全的、结构的、中立的、可移植的、性能很优异的多线程的编程语言。

在 Java 出现以前,Internet 上的信息内容都是一些乏味死板的 HTML 文档。这对于那些迷恋于 Web 浏览的人们来说简直不可容忍。他们迫切希望能在 Web 中看到一些交互式的内容,开发人员也极希望能够在 Web 上创建一类无须考虑软硬件平台就可以执行的应用程序,当然这些程序还要有极大的安全保障。对于用户的这种要求,传统的编程语言显得无能为力,面 Sun 的工程师敏锐地察觉到了这一点,从 1994 年起,他们开始将 OAK 技术应用于 Web 上,并且开发出了 HotJava 的第一个版本。当 Sun 公司于 1995 年正式以 Java 这个名字推出该项技术的时候,几乎受到了所有 Web 开发人员的欢迎。

可以这么说,在本书里,Java 语言就是 Web 开发的后台语言。

3. 数据库

(1)DBMS

数据库管理系统(DBMS)是 Web 应用程序存放数据库的地方,目前常用的有 MS SQL

Server,MySQL,Oracle,Sybase 等,开发 Web 应用程序必须至少具备其中的一种。

（2）SQL 语言

SQL 是用于访问和处理数据库的标准计算机语言。它是一门 ANSI 的标准计算机语言,用来访问和操作数据库系统。SQL 语句用于取回和更新数据库中的数据。SQL 可与数据库程序协同工作,如 MS Access,DB2,Informix,MS SQL Server,Oracle,Sybase 以及其他数据库系统。

注意:由于存在着很多不同版本的 SQL 语言,为了与 ANSI 标准相兼容,它们必须以相似的方式共同地来支持一些主要的关键词(如 SELECT,UPDATE,DELETE,INSERT,WHERE 等)。除了 SQL 标准之外,大部分 SQL 数据库程序都拥有它们自己的私有扩展。

1.1.3 基于 JSP 的 Web 应用程序结构 （B/S）

如图 1.1 所示,左边的客户端浏览器中输入网页地址请求,请求通过网络发给 Web 服务器(实线方框),Web 服务器找到请求的页面(JSP),把它交给 JSP 引擎(虚线方框)来处理,JSP 引擎将请求的页面"翻译"成一段 Java 代码(Servlet),然后通过 Java 虚拟机执行这段 Servlet(椭圆),在执行过程中若要访问数据库,则通过 JDBC 或者 JDBC-ODBC 桥去访问数据库,数据库处理完毕后返回结果给 Servlet,Servlet 再将执行的结果通过网络返回给客户端浏览器,从而完成了一次客户的请求。在这个过程中 B 代表的是浏览器,S 代表的是服务器(包括 Web 服务器和数据库服务器),整个图 1.1 就构成了典型的三层 B/S 结构。该结构也是接下来马上要搭建的结构。

图 1.1 基于 JSP 的 Web 应用程序结构

1.1.4 基于 JSP 的 Web 开发环境的搭建

1. 安装工具

开发环境的搭建需要安装 JDK1.6,tomcat6.0,eclipse3.6,MySql5.0+MySqlFront5.1 等工具。

注意:安装有先后顺序,按照上面罗列的先后顺序安装。如果之前安装过其他版本的软件或者要重装软件,强烈建议完全卸载之后再按照上面罗列的先后顺序安装,否则在安装或者运行的过程中极可能有未知错误发生,导致环境搭建失败。

2. 安装工具介绍

（1）JDK

JDK 是 Java 开发工具包，执行 Java 语言的开发环境，在我们的 Web 环境中，Web 开发的后台语言就是 Java 语言。要想 Web 程序能正常工作，JDK 不可或缺。目前用得比较多的 JDK 版本是 1.6。

（2）Tomcat

Tomcat 是 Web 开发环境中的 Web 服务器，网站的搭建、前台页面 JSP 的执行全靠它，没有它，JSP 网页就无"生存之地"。目前 Tomcat 常用的版本是 6.0。

（3）Eclipse

Eclipse 是一个开放源代码的、基于 Java 的可扩展开发平台。就其本身而言，它只是一个框架和一组服务，用于通过插件组件构建开发环境。它是编码、编译、调试代码、发布的集成开发环境，有了它，编码调试更轻松。

因为软件版本更新很快，一般选用的是比较稳定的 3.6 版本。

注意：建议不要装太多的插件，以免影响速度，虽然插件可以提高开发效率。

（4）MySQL+MySQL-Front

MySQL 是瑞典的 MySQL AB 公司开发的一个可用于各种流行操作系统平台的、具有客户机/服务器体系结构的关系数据库系统。它具有功能强、使用简单、管理方便、运行速度快、可靠性高、安全保密性强等优点。除此之外，MySQL 还有一个最大的特点，那就是在诸如 Unix 这样的操作系统上，它是免费的，可从因特网上下载其服务器和客户机软件。并且还能从因特网上得到许多与其相配的第三方软件或工具。而在 Windows 系统上，费用相对比较低廉，对多数个人用户来说是免费的。

MySQL-Front 是图形化管理 MySQL 数据库的第三方软件，操作方便，有简体中文的界面。美中不足的是该软件备份和导出数据库没有 Sqlyog（同样是一款图形化管理 MySQL 数据库的第三方软件）方便，读者可以结合两款软件一起使用。

本书使用的版本是 MySQL5.0+MySQL-Front5.1。

注意：第三方软件是指用户在使用某一家公司的软件 A 的时候，因为该软件的功能不足或不完善而使用其他公司的软件 B 来协助完成工作。软件 B 相对于软件 A 就是第三方软件。MySQL 数据库管理几乎都是使用命令行方式，对初学者来说不是很方便，因此我们采用了第三方图形化的管理软件 MySQL-Front 来弥补这一不足。

3. 工具安装过程

（1）安装 JDK

①双击安装程序弹出如图 1.2 所示窗口。

②单击【接受】按钮弹出如图 1.3 所示窗口。

③单击【更改】按钮可以更改安装路径，如图 1.4 所示。

④选择默认路径，直接单击【下一步】按钮，如图 1.5 所示。

④安装完后弹出如图 1.6 所示窗口。

⑤单击【下一步】按钮，弹出如图 1.7 所示窗口。

图 1.2　安装 JDK—接受许可

图 1.3　安装 JDK—自定义安装

图 1.4　安装 JDK—更改安装路径

图 1.5　安装 JDK—正在安装 JDK

图 1.6　安装 JDK—JRE 的安装

图 1.7　安装 JDK—正在安装 JRE

⑥安装完后弹出如图 1.8 所示窗口。

图 1.8　安装 JDK—安装完成

⑦单击【完成】按钮即完成了 JDK 的安装。

注意：在安装过程中细心的读者可能发现安装了两个东西——JDK 和 JRE。前者（JDK）是 Java 开发工具包，后者（JRE）是 Java 运行环境，它们都是 Java 开发中必备的东西，请勿混淆和遗漏安装。

（2）安装 Tomcat

①双击 Tomcat 安装程序，弹出如图 1.9 所示窗口。

图 1.9　安装 Tomcat—开始安装

②单击【Next】按钮弹出以下窗口，如图 1.10 所示。

③单击【I Agree】按钮弹出以下窗口，如图 1.11 所示。

④单击【Next】按钮弹出以下窗口，如图 1.12 所示。

⑤单击【Browse】按钮可以改变 Tomcat 安装路径，这里直接单击【Next】按钮弹出以下窗口，如图 1.13 所示。

⑥不改变默认设置，直接单击【Next】按钮弹出以下窗口，如图 1.14 所示。

图 1.10 安装 Tomcat—确认许可

图 1.11 安装 Tomcat—选择安装组件

图 1.12 安装 Tomcat—选择安装路径

图 1.13　安装 Tomcat—设置 Web 服务器相关参数

图 1.14　安装 Tomcat—选择 JRE

⑦选择 JRE 安装路径（之前安装 JRE 的安装路径），注意是 JRE 不是 JDK，如图 1.15 所示。

图 1.15　安装 Tomcat—选择 JRE 安装路径

⑧单击【Install】按钮弹出以下安装窗口，如图 1.16 所示。
⑨安装完成后出现以下窗口，如图 1.17 所示。

图 1.16 安装 Tomcat—正在安装

图 1.17 安装 Tomcat—安装完成

⑩单击【Finish】按钮即完成 Tomcat 安装。图 1.17 中的两个多选项与安装没有任何关系,第一个是安装完成后立刻启动 Tomcat 服务器,第二个是阅读 Tomcat 自述文件,所以勾选或不勾选都可以。

(3)安装 Eclipse

我们一般使用的是 Eclipse3.6 绿色版,下载以后直接使用,无须安装。

(4)安装 MySQL+MySQL-Front

①双击安装程序出现以下窗口,如图 1.18 所示。

②单击【Next】按钮出现以下窗口,如图 1.19 所示。

Typical(典型安装):只安装 MySQL 服务器,MySQL 命令行客户端和命令行实用程序。命令行客户端和实用程序包括 mysqldump,myisamchk 等工具。

Complete(完全安装):安装软件包内所有组件(包括嵌入式服务器库、基准套件、支持脚本和文档)。

Custom(定制安装):允许选择想要安装的软件包和安装路径。

③若选中【Typical】单选框(典型安装),单击【Next】按钮,出现如图 1.20 所示窗口,进行默认路径的安装。

图 1.18　安装 MySQL 安装开始

图 1.19　MySQL 安装类型选择

图 1.20　MySQL 准备安装

④在图 1.20 所示窗口中,若要修改安装路径,则单击【Back】按钮返回上一窗口,选择

【Custom】单选框（定制安装），如图1.21所示。

图1.21　MySQL安装类型选择

⑤单击【Next】按钮出现以下窗口，如图1.22所示，选择数据库程序的安装路径。

图1.22　MySQL安装路径选择

⑥单击【OK】按钮出现以下窗口，如图1.23所示，表示安装前的设置完成，准备安装。

图1.23　MySQL准备安装

⑦单击【Install】按钮出现以下窗口，如图 1.24 所示。

图 1.24　MySQL 正在进行安装

⑧安装完成后单击【Next】按钮进入到询问是否要注册画面，如图 1.25 所示。

图 1.25　MySQL 安装

⑨选择【Skip Sign-Up】单选框，跳过注册，单击【Next】按钮出现以下窗口，如图 1.26 所示。

图 1.26　MySQL 安装结束

　　此时如果勾选了【Configure the MySQL Server now】复选框(询问是否立刻配置数据库),
则单击【Finish】按钮完成安装以后将出现步骤 10 的画面,否则安装结束。

　　⑩单击[Finish]进入数据库配置,如图 1.27 所示。

图 1.27　MySQL 服务器配置

　　⑪单击【Next】按钮出现以下服务器配置向导窗口,有【Standard Configuration】(标准配
置)和【Detailed Configuration】(详细配置)选项,如图 1.28 所示。

图 1.28　MySQL 服务器配置向导

　　Detailed Configuration(详细配置):适合想要更加细致控制服务器的高级用户。

　　Standard Configuration(标准配置):适合想快速启动 MySQL 而不考虑服务器配置的新
用户。

　　⑫选择【Detailed Configuration】单选框,单击【Next】按钮出现以下窗口,如图 1.29 所示。

　　Developer Maching(开发用机):该选项代表典型个人桌面工作站。将 MySQL 服务器配
置成使用最少的系统资源。

　　Server Maching(服务器):MySQL 服务器可以同其他应用程序一起运行,如 FTP,EMAIL,
Web 服务器。MySQL 服务器配置成使用适当比例的系统资源。

　　⑬选择【Developer Machine】单选框(开发用机),单击【Next】按钮出现如图 1.30 所示
窗口。

图 1.29　MySQL 服务器配置向导—选择服务器类型

图 1.30　MySQL 服务器配置向导—选择数据库用途

Multifunction Database（多功能数据库）：同时使用 InnoDB 和 MyISAM 存储引擎，并在两个存储引擎之间平均分配资源。建议经常使用两个存储引擎的用户选择该选项。

Tramsactional Database Only（只是事物处理数据库）：同时使用 InnoDB 和 MyISAM 存储引擎，并在两个存储引擎之间平均分配资源。建议经常使用 InnoDB，只偶尔使用 MyISAM 的用户选择。

Non-Transactional Database Only（非事物处理数据库）：完全禁用 InnoDB 存储引擎，将所有服务器资源指派给 MyISAM 存储引擎。建议不使用 InnoDB 的用户选择。

⑭选择【Multifunction Database】单选框，单击【Next】按钮出现以下窗口，如图 1.31 所示。

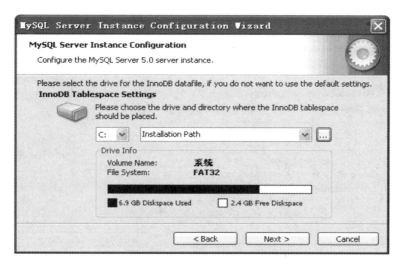

图 1.31　MySQL 服务器配置向导—选择服务器安装路径

该项允许你将数据库中的数据和数据库的安装程序分开存放,以保证数据的安全性。

⑮单击【Next】按钮将出现以下窗口,设置并发的连接数量如图 1.32 所示。

图 1.32　MySQL 服务器配置向导—选择连接数

Decision Support(决策支持)(DSS)/OLAP :如果服务器不需要大量的并行连接可以选择该选项。假设最大连接数设为100,平均并行连接数为20。

Online Transaction Processing(联机事务处理)（OLTP）:如果服务器需要大量的并行连接选择该选项。最大连接数设置为500。

Manual Setting(人工设置)：可以自行设置服务器并行连接的数目。

从这里可以知道,数据库的并发连接是有限的,因此,在软件开发的时候,我们使用完数据库后一定要记得关闭连接,以便让别人使用。

⑯设置可以连接服务器的计算机个数(这里设置成 15 个),单击【Next】按钮将出现设置数据库的端口窗口,如图 1.33 所示。

图 1.33　MySQL 服务器配置向导—端口号设置

端口号默认为 3306 一般不需要重新设置，单击【Next】按钮将出现如下窗口，如图 1.34 所示。

图 1.34　MySQL 服务器配置向导—字符编码设置

Standard Charcter Set（标准字符集）：如果想使用 Latin1 作为默认服务器字符集，则选择该选项。Latin1 用于英语和西欧语言。

Best Support For Multilingualism（支持多种语言）：如果想使用 utf8 作为默认服务器字符集，则选择该选项。utf8 可以将不同语言的字符集存储为单一的字符集。

Manual Selected Default Character Set/Collation（人工选择的默认字符集/校对规则）：如果想手动选择服务器的默认字符集，请选择该项。

如果字符集选择不合适，存储中文有可能会出现乱码。

选择【Standard Character Set】单选框，在 Character Set 对应的下拉列表处选择【utf8】选项，单击【Next】按钮出现如下窗口，如图 1.35 所示。

图 1.35 MySQL 服务器配置向导—选择服务器启动快捷方式

⑰参照图 1.35 选中第一项以及中间的选项:数据库启动作为 Windows 中的一个服务来启动并在开机就运行。单击【Next】按钮将出现设置管理员密码窗口,如图 1.36 所示。

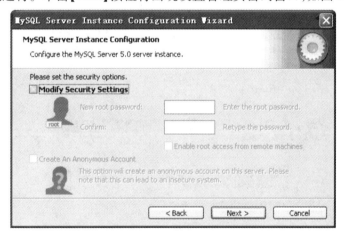

图 1.36 MySQL 服务器配置向导—密码设置

⑱选择【Modify Security Setting】复选框,可以设置 root 用户密码,不选择则默认为空密码。单击【Next】按钮将出现以下窗口,如图 1.37 所示。

⑲单击【Execute】按钮将出现以下窗口,如图 1.38 所示。

如果没有出现错误(无一项出现红叉),则单击【Finish】完成 MySQL 的安装。

(5)安装 MySQL-Front

①双击安装程序出现以下窗口,如图 1.39 所示。

②单击【下一步】按钮出现以下窗口,如图 1.40 所示。

③单击【浏览】按钮将出现以下窗口,如图 1.41 所示。

④安装路径设置好后单击【下一步】按钮出现以下窗口,如图 1.42 所示。

⑤单击【下一步】按钮出现以下窗口,如图 1.43 所示。

⑥单击【下一步】按钮出现以下窗口,如图 1.44 所示。

⑦单击【安装】按钮将出现以下窗口,如图 1.45 所示。

图 1.37　MySQL 服务器配置向导—执行配置

图 1.38　MySQL 服务器配置向导—配置执行完毕

图 1.39　安装 MySQL-Front 开始界面

图 1.40 安装路径设置

⑧安装完成后将出现以下窗口,如图 1.46 所示。

单击【完成】按钮结束 MySQL-Front 安装。

图 1.41 安装路径选择

图 1.42 设置快捷方式

图 1.43　安装之外的其他事情

图 1.44　安装任务显示

图 1.45　安装 MySQL-Front

图 1.46　安装 MySQL-Front 完成界面

1.2　创建第一个 Web 程序

在本节将学习：

- 在 Eclipse 中如何创建 Web 工程；
- 如何编写 JSP 网页；
- 在 Eclipse 中如何配置、发布 Web 工程，并在 IE 浏览器中运行编写的网页。

1.2.1　Web 工程的创建

1. 创建 Web 工程的原因

创建一个工程（Project）是在 Eclipse 中进行程序开发的一个开始，无论是写一行代码还是画一幅图，都必须先有工程，再在工程里边干其他事情。那么，工程是什么呢？工程就像一个总管，将一系列相互联系的工作管理在一起。最直接的感受就是，工程可以看做一个文件夹，所有"有关系"的文件都放在这个文件夹中进行统一的存放和管理。当然，在 Eclipse 中，工程的作用并不仅仅是这些，不过，我们只需要简单理解为"工程＝文件夹"即可。

Web 工程顾名思义就是进行 Web 程序开发的工程，因此，要想在 Eclipse 中进行 Web 应用程序的开发，首先需要建立 Web 工程。

2. 创建步骤

①打开 Eclipse，选择【File】→【New】→【Dynamic Web Project】命令，如图 1.47 所示。

图 1.47　创建 Web 工程—选择创建工程菜单

②在弹出的对话框中输入创建工程的相关信息,在对话框的【Project name】输入框中输入创建 Web 工程的名字(名字可以任意取,但必须唯一,最好取一个有意义的名字,这里输入 test01),其他地方按图 1.48 所示设置即可。

图 1.48　创建 Web 工程—输入工程名

③单击【Finish】按钮,一个名为 test01 的 Web 工程就建好了。在 Eclipse 中的左边的【Package Explorer】窗口中会出现新建的 Web 工程(看起来像一个文件夹),展开该工程可以看到一个树形结构的目录,其中 src 目录是存放 Java 源代码文件的,WebContent 目录是存放与网页有关的文件。整个效果如图 1.49 所示。

注意:在单击【Finish】按钮后有可能会出现几个提示框,不用理会,直接单击【确定】或者【yse】按钮即可。

图 1.49　创建 Web 工程—创建完成

1.2.2　在 Web 工程中新建 JSP 页面

1.创建步骤

①在【Package　Explorer】窗口中,对刚才新建的工程名上右击,在弹出菜单中选择

【New】→【Other】命令,如图 1.50 所示。

图 1.50 创建 JSP 页面—选择菜单

②在弹出的窗口中找【JSP File】,如图 1.51 所示。

图 1.51 创建 JSP 页面—选择菜单

③单击【Next】按钮后会出现 JSP 创建向导窗口,在【FileName】文本框处输入要创建的 jsp 文件名(文件名可以任意取,建议取有意义的名字,这里命名为 test. jsp),其他地方默认, 不输入,如图 1.52 所示。

④最后单击【Finish】按钮,文件就创建好了,从图 1.52 中的第一项输入框中不难看出, 文件创建在 WebContent 目录下,展开 WebContent,可以看到 test. jsp 文件的确存在,如图1.53 所示。

图 1.52　创建 JSP 页面—输入文件名

图 1.53　创建 JSP 页面—创建完成

2. JSP 页面中的编码设置

参照图 1.62，双击 test.jsp，将在 Eclipse 的中部打开一个窗口，里边显示 test.jsp 文件的内容，可以在这个窗口中编辑该页面。此时，可以看见窗口中已经有一些代码，这些代码是刚才创建 test.jsp 页面的时候 Eclipse 自动生成的，这些代码有些是多余的，有些是需要修改的。

请看 JSP 页面中的第一行代码：

```
<%@ page language="java" pageEncoding="ISO-8859-1"%>
```

代码中的 pageEncoding="ISO-8859-1"表示本页面的编码格式是 ISO-8859-1,这个格式是不支持中文的,本书推荐修改为 UTF-8,即 pageEncoding="UTF-8"。

3. 在 JSP 页面中嵌入 Java 代码

从前面 JSP 的介绍可知,JSP 页面是能够嵌入 Java 代码运行的,正因为如此,才体现出 JSP 页面的强大,若不能嵌入 Java 代码,JSP 页面就与 HTML 页面没有什么不同。JSP 页面中嵌入 Java 代码的语法如下:

```
<%
……
//java 代码段在<% 与% >之间
……
% >
```

其中,"<%"与"%>"是关键字,它们之间就是写 Java 代码的地方。

1.2.3　Web 工程发布

1. 发布的原因

一个 Web 应用程序是 B/S 结构,是需要 Web 服务器的。用户通过浏览器访问我们的网页,访问我们的应用程序,实际上就是访问 Web 服务器上的程序。那么,在 MyEclipse 里边编写的任何程序,必须按照某种规则"放"到 Web 服务器上,才能够被用户访问。这个"放"的过程就是发布。

举个例子,服务器就像是一个商店,应用程序就是商店里的商品。用户访问服务器上的应用程序就相当于是到商店里去买商品。商店必须要上货,客户才能够买到商品。所以这个上货用一个专业的名词来称呼——发布。不发布应用程序,就不能在服务器上访问到应用程序。

2. 发布过程

在 Eclipse 中,可以将编写好的 Web 工程发布到 Web 服务器上(在这里,Web 服务器就是 Tomcat),但是,Eclipse 和 Tomcat 毕竟是两个软件,要想发布成功首先得进行配置,配置完成后才能够发布。

（1）配置过程

①首先选择菜单【Windows】→【Preferances】命令,如图 1.54 所示。

②选择菜单后,在弹出的窗口的左边列表中选择【Servers】→【Runtime Environment】选项,出现以下窗口,如图 1.55 所示。

③单击右侧的【Add】按钮,弹出添加 Server 窗口,出现以下窗口,如图 1.56 所示。

图 1.54　Eclipse 的配置—选择菜单

图 1.55　Eclipse 的配置—选择 Server

图 1.56　Eclipse 的配置—添加 Server

　　④选中机子上安装的 Tomcat 版本,如是 6.0 版本的就选中 Tomcat6.0,然后单击【Next】
按钮,出现以下窗口,如图 1.57 所示。

图 1.57 Eclipse 的配置—添加 Server

⑤在弹出的窗口中单击【Browse】按钮选择 Tomcat 的安装路径。若在安装时是默认安装的话,其安装路径应该是"C:\Program Files\Apache Software Foundation\Tomcat 6.0",再单击【Installed JREs】,在弹出对话框中选择安装的 JRE,如图 1.58 所示。

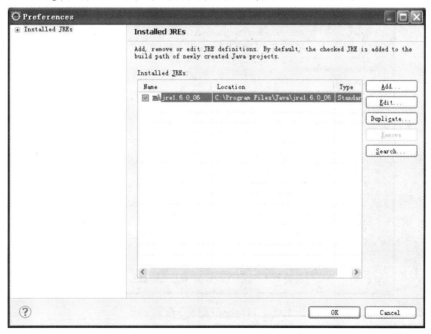

图 1.58 Eclipse 的配置—配置 JRE

⑥若无 JRE 选项，则请添加 JRE。单击【Add】按钮出现以下窗口，如图 1.59 所示。

图 1.59　Eclipse 的配置—配置 JRE

⑦选择 Standard VM，单击【Next】按钮出现以下窗口，如图 1.60 所示。

图 1.60　Eclipse 的配置—配置 JRE

⑧选择 JRE 的安装路径，单击【Finish】按钮完成 JRE 的配置。最后再单击【OK】按钮关

闭【Preferences】窗口,此时设置完毕。

　　注意:上述配置只需要配置一次,一旦配置好后就可多次发布而无须重复配置。

　　(2)发布过程

　　①显示【Server】视图。选择菜单【Window】→【Show View】→【Servers】命令,如图 1.61 所示。

图 1.61　显示 Server 视图

　　②在 Eclipse 下方会出现 Server 视图,在 Server 视图中右键,选择【New】→【Server】命令,如图 1.62 所示。

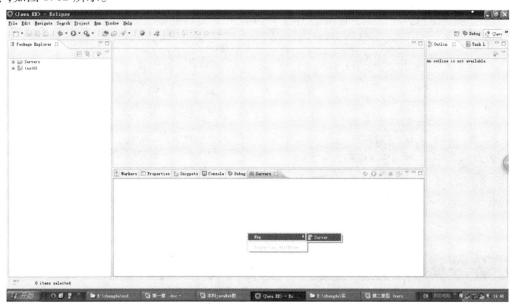

图 1.62　新建 Server

　　③在弹出的窗口中选择 Tomcat 的版本,这里选择 Tomcat6.0。单击【Finish】按钮,这时就添加了一个 Tomcat 服务器,如图 1.63、图 1.64 所示(红色圈中就是 Tomcat 服务器)。

图 1.63　选择 Tomcat 版本

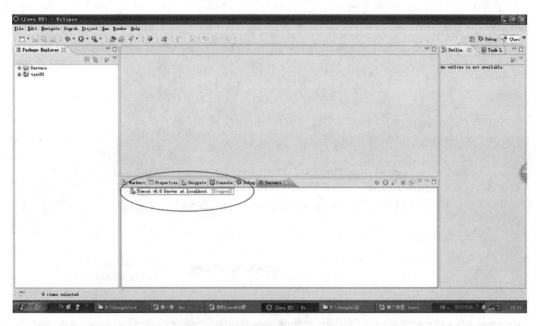

图 1.64　新建 Server

④有了 Tomcat 服务器之后（商店建立起来之后），就要把工程发布到服务器上去，在新建的 Tomcat 服务器上右击，选择【Add and Remove】命令，如图 1.65 所示。

⑤在弹出的窗口中的左面选中要发布的工程 test01，单击【Add】按钮，将工程 test01 加入

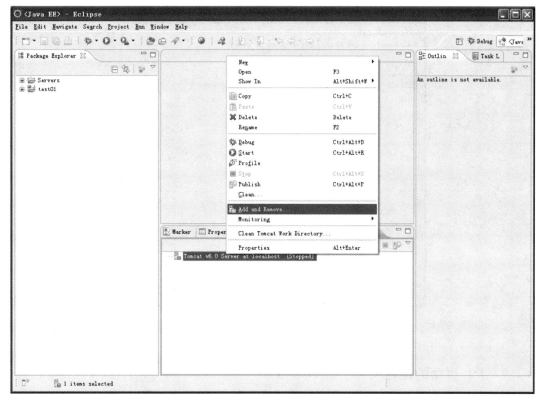

图 1.65　发布工程

右面的框里,如图 1.66、图 1.67 所示,再单击【Finish】按钮,便完成工程的发布。

图 1.66　发布工程

图 1.67　发布工程

1.2.4　JSP 页面的运行

首先是启动 Tomcat 服务器。当 Eclipse 中配置好 Tomcat 服务器后，Tomcat 服务器的启动可以在 Eclipse 里边进行，也可以通过 Tomcat 自带的管理程序启动。这里建议在 Eclipse 中启动。右键单击建立 Tomcat 服务器，选择【Start】命令，也可以单击画面中圈起来的 按钮，如图 1.68 所示。

单击【start】命令后，Tomcat 立刻开始启动，Eclipse 的中间下面部分打开一个 Tomcat 运行的信息提示窗口，等待一会儿，若出现如图 1.69 所示情况，Tomcat 便启动成功（注意提示信息的最后一句）。

Tomcat 启动成功后，接着就是在浏览器地址栏中输入网页地址进行访问了。那么，输入什么地址呢？访问一个 Tomcat 服务器上的 JSP 网页的地址格式如下：

http://服务器 IP 地址:端口号/发布的工程名/JSP 页面的相对路径

其中，http://是关键字，表示在网上进行访问的协议是 http；服务器 IP 地址指的是 Tomcat 服务器所在的计算机的 IP 地址；端口号对于 Tomcat 来说，默认的是 8080；发布的工程名就是在 Eclipse 中发布 Web 工程的时候所选择的工程名；JSP 页面相对路径是指该页面在所在工程的一个相对路径，在这个路径中是要去掉 WebContent 这一级目录。

比如要访问本章里边所建的 test.jsp 页面，那么访问地址应该是：

http://127.0.0.1:8080/test01/test.jsp

注意：在这个地址里边，127.0.0.1 表示一个通用的 IP，即代表的是本机的 IP（也可以用 localhost 代替，表示本机，即 http://localhost:8080/test01/test.jsp），而 test.jsp 页面的相对于 test01 工程的路径应该是 webContent/test.jsp，但是为什么在访问地址中要去掉 webContent 这一级目录呢？这是因为 Web 工程在发布到 Web 服务器之后是没有 webContent 这一级目录的，所以不能要。

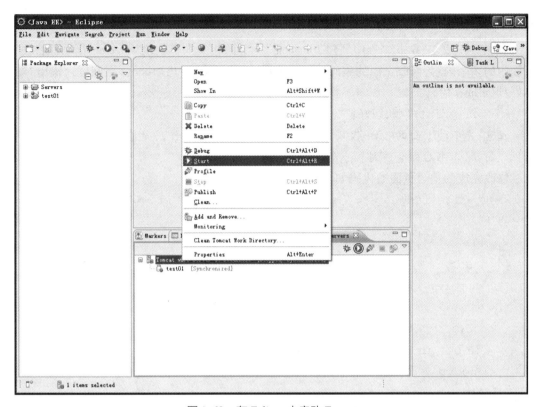

图 1.68　在 Eclipse 中启动 Tomcat

图 1.69　在 Eclipse 中启动 Tomcat 成功

1.2.5　实施操作

1.创建新闻发布系统工程 news

参照"1.2.1 Web 工程的创建"一节的相关内容创建 Web 工程,工程名为 news。

2. 在工程中创建一个 JSP 测试欢迎页面 welcome.jsp

参照"1.2.2 在 Web 工程中新建 JSP 页面"一节的相关内容创建 welcome.jsp 页面,去掉页面中的多余内容,修改页面的编码格式为 UTF-8,在 \<body> 与 \</body> 之间嵌入输出"嗨,你好!"的 Java 代码:

```
<% out.print("嗨,您好!"); %>
```

注意:先不管上面的 Java 代码是怎么来的,只需知道其作用是在页面上输出"嗨,你好!"就行了,本书后面会讲到。

修改完成的整个页面的代码如下:

```
<%@ page language="java" import="java.util.*" pageEncoding="UTF-8"%>
<html>
  <head>
    <title>欢迎页面</title>
  </head>
  <body>
    <% out.print("嗨,您好!"); %>
  </body>
</html>
```

3. 发布工程 news

参照"1.2.3 Web 工程发布"一节的相关内容配置好 Tomcat 服务器,将 news 工程发布到 Tomcat 中。

4. 调试运行页面 welcome.jsp

参照"1.2.4 JSP 页面的运行"一节的相关内容启动 Tomcat 服务器,打开浏览器窗口,在地址栏中输入:

```
http://127.0.0.1:8080/news/welcome.jsp
```

运行结果如图 1.70 所示。

图 1.70　我的第一个 Web 程序

1.3 巩固与提高

1. 选择题

（1）关于 B/S 与 C/S 模式的介绍正确的是(　　)。

    A. B/S 是浏览器/服务器模式,服务器装好后,用浏览器就可以正常浏览

    B. C/S 是客户端/服务端模式,服务器装好后,用浏览器就可以正常浏览

    C. B/S 是浏览器/服务器模式,服务器装好后,其他人还需要在客户端的计算机上安装专用的客户端软件才能正常浏览操作

    D. C/S 是浏览器/服务器模式,服务器装好后,其他人还需要在客户端的计算机上安装专用的客户端软件才能正常浏览操作

（2）Web 开发环境客户端所需具备的技能不包括(　　)。

    A. HTML 语言　　　　　　　　　　B. CSS 样式表

    C. JavaScript 脚本语言　　　　　　D. Servlet 技术

（3）Web 开发环境服务端所需具备的技能不包括(　　)。

    A. JSP　　　　B. Servlet 技术　　　　C. JavaScript 脚本语言　　　　D. Java 语言

（4）创建 Web 应用程序的步骤正确的是(　　)。

    A. 创建 Web 工程→创建 JSP 页面→发布 Web 工程→运行 JSP 页面

    B. 创建 Web 工程→创建 JSP 页面→运行 JSP 页面→发布 Web 工程

    C. 创建 JSP 页面→创建 Web 工程→发布 Web 工程→运行 JSP 页面

    D. 创建 JSP 页面→创建 Web 工程→运行 JSP 页面→发布 Web 工程

（5）关于 JSP 页面中嵌入 Java 代码的描述正确的是(　　)。

    A. JSP 页面只能嵌入 HTML 代码,不能嵌入 Java 代码

    B. JSP 页面中的 Java 代码只能嵌入在"<%"与"%>"之间

    C. JSP 页面中的 Java 代码只能嵌入在"<#"与"#>"之间

    D. 在 JSP 页面中的任何地方都可以直接写 Java 代码

（6）关于 HTML 语言的描述不正确的是(　　)。

    A. HTML 是一门用来制作网页的程序语言

    B. HTML 语言是一种标记语言,不需要编译,直接由浏览器执行

    C. HTML 语言大小写敏感,HTML 与 html 是不一样的

    D. HTML 文件必须使用 html 或 htm 为文件名后缀

（7）关于 JavaScript 的描述不正确的是(　　)。

    A. 与 HTML 语言一样,无须编译,直接在浏览器中执行

    B. 基于客户端运行,无须服务端

    C. 是一种解释性的,轻量级的,基于对象的语言

    D. 与 Java 语言一样,需要编译为 class 文件后才能执行

（8）在 helloapp 工程中有一个 hello. jsp,它的文件路径 WebContent/hello/hello. jsp,那么在浏览器端访问 hello. jsp 的 URL 是(　　)。

A. http://localhost:8080/hello.jsp

B. http://localhost:8080/helloapp/hello.jsp

C. http://localhost:8080/helloapp/hello/hello.jsp

D. http://localhost:8080/hello/hello.jsp

2.填空题

（1）创建一个 Web 项目用到的工具有_____、_____、_____、_____。

（2）本书中用到的 DBMS 是_____。

（3）本书中介绍的 Web 应用服务器是_____。

（4）本书中介绍的集成开发环境是_____。

（5）本书中介绍的数据库是_____。

（6）本书中 Web 应用程序的后台语言是_____。

（7）_____是用于访问和处理数据库的标准的计算机语言。

3.操作题

创建 1 个 Web 项目并创建 1 个 JSP 页面,在页面中显示你的个人信息,效果如图 1.71 所示,内容可自行确定。

大家好!
我是XXX 我来自XX，我的爱好
· · · · · · · · · · · · · · · ·

图 1.71　显示个人信息

第二章 | JSP 基础

随着 Web 技术的发展和电子商务时代的到来,人们不再满足于建立各种静态地发布信息的网站,更多的时候需要能与用户进行交互,并能够提供后台数据库管理和控制等服务的动态网站。所以,开发动态网页成为站点开发人员追求的目标。这里的动态网页不是指页面具有动画或者有活动的内容,而是与用户之间有一种交互的功能,可以根据客户的需求,制作出不同的网页。在此前提下,由 Sun 公司倡导、许多公司参与一起建立的一种动态网页技术标准 JSP(Java Server Pages),被越来越多的业内人士认可和使用。

2.1 JSP 基本语法

在本节将学习:
- JSP 基本概念;
- JSP 页面的基本构成。

2.1.1 JSP 简介

JSP 是 Java Server Pages 的缩写,是由 Sun 公司倡导、许多公司参与,于 1999 年推出的一种动态网页技术标准。JSP 是基于 Java Servlet 以及整个 Java 体系的 Web 开发技术,利用这一技术可以建立安全、跨平台的先进动态网站。目前,这项技术还在不断地更新和优化中。你可能对 Microsoft 的 ASP(Active Server Pages) 比较熟悉,ASP 也是一个 Web 服务器端的开发技术,可以开发出动态的、高性能的 Web 服务应用程序。JSP 和 ASP 技术非常相似,ASP的编程语言是 VBScript 和 JavaScript,JSP 使用的是 Java。与 ASP 相比,JSP 以 Java 技术为基础,又在许多方面做了改进,具有动态页面与静态页面分离,能够脱离硬件平台的束缚,以及编译后运行等优点,完全克服了 ASP 的脚本级执行的缺点。我们相信 JSP 会逐渐成为Internet 上的主流开发工具。需要强调的一点是,要想真正地掌握 JSP 技术,必须有较好的Java 语言基础,以及 HTML 语言方面的知识。

JSP 页面的理解

在传统的 HTML 页面文件中加入 Java 程序段和 JSP 标签就构成了一个 JSP 页面文件,简单地说,一个 JSP 页面除了普通的 HTML 标记符外,还使用标记符号"<%""%>"加入Java 程序段。一个 JSP 页面文件的扩展名是 jsp,文件的名字必须符合标识符规定,需要注意的是,JSP 技术基于 Java 语言,名字区分大小写。下面的例子 2-1 是一个简单的 JSP 页面。

[例 2-1]

```
<% @ page language="java" contentType="text/html; charset=UTF-8"
    pageEncoding="UTF-8"% >
```

```
<html>
<head>

<title>Insert title here</title>
</head>
<body>
这是一个 JSP 页面<br>
<%
    int sum=0;
    for(int i=0;i<=10;i++){
        sum = sum + i;
    }
%>
1 到 10 的和为
<% out.print(sum); %>
</body>
</html>
```

用浏览器访问该 JSP 页面的效果如图 2.1 所示。

图 2.1　简单的 JSP 页面

下面再来看一个例子,使用 java. util. Date 类取得当前时间并显示在画面上。

[例 2-2]

```
<%@ page language="java" contentType="text/html; charset=UTF-8"
    pageEncoding="UTF-8"%>
<%@ page import="java.util.*" %>
<html>
<head>

<title>Insert title here</title>
```

```
</head>
<body>
这是一个 JSP 页面<br>
<%
  Date today = new Date();
% ><br>
今天是:<% out.print(today); % >
</body>
</html>
```

用浏览器访问该 JSP 页面的效果如图 2.2 所示。

图 2.2　简单的 JSP 页面

2.1.2　JSP 页面的脚本元素及注释

JSP 页面由 5 类元素构成,见表 2.1。

表 2.1　JSP 页面的元素

元素	说明
HTML 标记元素	给出网页的框架,被放置在导引符"<"和">"之间
JSP 脚本元素	脚本元素实际上就是 Java 语言,主要包括 Java 变量、方法和类的声明、Java 表达式、Java 程序片等
JSP 指令标签	包括 page 指令、include 指令、taglib 指令
JSP 动作标签	包括 include 动作、param 动作、params 动作、forward 动作、useBean 动作、setProperty 动作、getProperty 动作
注释	不会被程序执行的代码,用于开发的提示性语言

　　一个典型的 JSP 页面文件是由 HTML 标记、JSP 脚本、标签等组成。HTML 标记给出网页的框架,是页面的静态部分;而脚本元素给出页面的动态部分。也就是说,在传统的 HTML 页面文件中加入 JSP 标签和 JSP 脚本等就构成了一个 JSP 页面文件。

　　HTML 标记在这里就不再多加叙述。JSP 指令标签和动作标签将在下一节详细介绍。下面简单介绍一下 JSP 脚本元素与注释。

1. JSP 脚本元素

JSP 脚本元素包括：脚本（Scriplets）、表达式（Expression）、声明（Declaration）。

（1）脚本（Scriplets）

位于<%和%>之间的代码，它是合法的 Java 代码。

语法：

<% 程序代码，一行或多行 %>

在前面的例子 2-1、2-2 中已经使用过了。

（2）表达式（Expression）

计算该表达式，将其结果转换成字符串插入到输出中。

语法：

<% =表达式 %>

注意："<%"与之后的"="之间不能有空格。并且"="后面的是一个表达式，并非一个语句，所以句尾不需要";"。

可以在"<% ="和"%>"之间插入一个表达式，这个表达式必须能求值。表达式的值由服务器负责计算，并将计算结果用字符串形式发送到客户端显示。如下面的例子。

[例 2-3]

```jsp
<% @ page language="java" contentType="text/html; charset=UTF-8"
    pageEncoding="UTF-8"% >
<html>
<head>

<title>Insert title here</title>
</head>
<body>

3 的平方等于:<% =3*3 % >
<br>
100>99 吗? <% =100>99 % >

</body>
</html>
```

用浏览器访问该 JSP 页面，效果如图 2.3 所示。

（3）声明（declaration）

用于在 JSP 中声明合法的变量、方法和类。

语法：

<%! 代码内容 %>

注意："<%"与之后的"!"之间不能有空格。

图 2.3　JSP 中的表达式

声明变量举例：

[例 2-4]

```
<%!
int i = 10;
String name = '小白';
%>
```

注意："<%"与之后的"!"之间不能有空格。

"<%!"和"%>"之间声明的变量在整个 JSP 页面内都有效，因为 JSP 引擎将 JSP 页面转译成 Java 文件时，将这些变量作为类的成员变量。这些变量的内存空间直到服务器关闭才释放。当多个客户请求一个 JSP 页面时，JSP 引擎为每个客户启动一个线程，这些线程由 JSP 引擎服务器来管理，这些线程共享 JSP 页面的成员变量，因此任何一个用户对 JSP 页面成员变量操作的结果，都会影响到其他用户。

下面的例子利用成员变量被所有用户共享这一性质，实现了一个简单的计数器。

[例 2-5]

```
<%@ page language="java" contentType="text/html; charset=UTF-8"
    pageEncoding="UTF-8"%>
<html>
<head>

<title>Insert title here</title>
</head>
<body>

<%! int i=0;%>
<% i++;%>

<P>您是第<% =i% >个访问本站的客户。

</body>
</html>
```

用浏览器访问该 JSP 页面，每次刷新，或者重新打开，则 i 会被+1，但如果重启服务器，则 i 会被重新赋值为 0，效果如图 2.4 所示。

图 2.4　JSP 中声明变量

"<%！"和"％>"之间声明一个类，该类在 JSP 页面内有效，即在 JSP 页面的 Java 程序段部分可以使用该类创建对象。在下面的例子中定义了一个 People 类，该类有成员变量 name、age、sex，还有方法 growth 负责给年龄 age 加 1。

[例 2-6]

```
<% @ page language="java" contentType="text/html; charset=UTF-8"
    pageEncoding="UTF-8"% >
<html>
<head>

<title>Insert title here</title>
</head>
<body>

<% ! public class People{
    public String name;
    public int age;
    public String sex;
  public void growth(){
      age = age + 1;
  }
}% >
<% People p = new People();
  p.age=10;
  p.growth();% >

现在的年龄是<% =p.age % >岁
</body>
</html>
```

用浏览器访问该 JSP 页面,效果如图 2.5 所示。

图 2.5　JSP 中声明类

2. JSP 注释

在编写程序时,每个程序员都要养成给出注释的好习惯,合理、详细的注释有利于代码后期的维护和阅读。在 JSP 文件的编写过程中共有 3 种注释方法。

(1)HTML 的注释方法

其使用格式是:<! 一 html 注释-->。其中的注释内容在客户端浏览里是看不见的,如下面的 JSP 文件。

[例 2-7]

```
<% @ page language="java" contentType="text/html; charset=UTF-8"
    pageEncoding="UTF-8"% >
<html>
<head>

<title>Insert title here</title>
</head>
<body>
JSP 页面
<! --这是注释 -->

</body>
</html>
```

用浏览器访问该 JSP 页面,效果如图 2.6 所示。

但是查看源代码时,客户端可以看到这些注释内容,如图 2.7 所示。这种注释方法是不安全的,而且会加大网络的传输负担。

(2)JSP 注释标记(隐藏注释)

其使用格式是:<%--JSP 注释--%>。在客户端通过查看源代码时看不到注释中的内容,安全性比较高。

[例 2-8]

```
<% @ page language="java" contentType="text/html; charset=UTF-8"
```

图 2.6　HTML 注释

图 2.7　HTML 注释源代码

```
        pageEncoding="UTF-8"% >
<html>
<head>

<title>Insert title here</title>
</head>
<body>
JSP 页面
<% --这是注释 --% >

</body>
```

```
</html>
```

用浏览器访问该 JSP 页面,效果还是如图 2.6 所示,但查看该页面源代码,如图 2.8 所示。

图 2.8　JSP 注释标记

(3)在 JSP 脚本中使用注释

脚本就是嵌入到<% 和%>标记之间的程序代码,使用的语言是 Java,因此,在脚本中进行注释和在 Java 类中进行注释的方法一样。

其使用格式是:<%//单行注释%>、<%/ * 多行注释 * /%>。

2.2　JSP 指令标签与动作标签

在本节将学习:
- JSP 的 3 种指令标签的使用;
- JSP 常用动作标签的使用。

2.2.1　JSP 指令标签

JSP 指令标签一共有 3 种:page 指令,include 指令,taglib 指令。

语法如下:

<% @ page　　　属性 = "值" % >

<% @ include　　属性 = "值" % >

<% @ taglib　　属性 = "值" % >

注意:"<%"与之后的"@"之间不能有空格。

1. page 指令

page 指令用来定义整个 JSP 页面的一些属性和这些属性的值。例如，我们可以用 page 指令定义 JSP 页面的 contentType 属性的值是"text/html;charset=GB2312"，这样，页面就可以显示标准汉语。例如：

```
<% @ page contentType="text/html;charset=GB2312" % >
```

page 指令的语法如下：

```
<%@ page 属性1="属性1 的值" 属性2="属性2 的值" ……% >
```

属性值总是用单引号或引号双号括起来，例如：

```
<% @ page contentType="text/html;charset=GB2312" import="java.util.*"% >
```

如果为一个属性指定几个值，这些值要用逗号分隔。page 指令只能给 import 属性指定多个值；其他属性只能指定一个值。例如：

```
<% @ page import="java.util.*","java.io.*","java.awt.*" % >
```

当为 import 指定多个属性值时，JSP 引擎把 JSP 页面转译成的 Java 文件中会有如下的 import 语句：

```
import java.util.*;
import java.io.*;
import java.awt.*;
```

在一个 JSP 页面中，也可以使用多个 page 指令来指定属性及其值。

```
<%@ page 属性1="属性1 的值1"% >
<%@ page 属性2="属性2 的值2"% >
```

注意：可以使用多个 page 指令给属性 import 几个值，但其他属性只能使用一次 page 指令指定该属性一个值。例如：

```
<% @ page contentType="text/html;charset=GB2312" % >
<% @ page import="java.util.*" % >
<% @ page import="java.util.*","java.awt.*" % >
```

下列用法是错误的：

```
<% @ page contentType="text/html;charset=GB2312" % >
<% @ page contentType="text/html;charset=GB2312" % >
```

尽管指定的属性值相同，也不允许两次使用 Page 给 contentType 属性指定属性值。

注意：page 指令的作用对整个页面有效，与其书写的位置无关，但习惯把 page 指令写在 JSP 页面的最前面。

下面我们分别来看 page 指令的各个属性。

（1）language 属性

定义 JSP 页面使用的脚本语言，该属性的值目前只能取"java"。为 language 属性指定值的格式为：

```
<% @ page language="java" % >
```

language 属性的默认值是"java"，即如果你在 JSP 页面中没有使用 page 指令指定该属性

的值的话,那么,JSP 页面默认有如下 page 指令:

<%@　page language="java" %>

（2）import 属性

该属性的作用是为 JSP 页面引入 Java 核心包中的类,这样就可以在 JSP 页面的程序段部分、变量及函数声明部分、表达式部分使用包中的类。可以为该属性指定多个值,该属性的值可以是 Java 某包中的所有类或一个具体的类,例如:

<%@ page import="java.io.*","java.util.Date"%>

JSP 页面默认 import 属性已经有如下的值:

" java. lang. * ","javax. servlet. * " ,"javax. servlet. jsp. * ","javax. servlet. http. * "。

（3）contentType 属性

该属性用于定义 JSP 页面响应的 MIME(Multipurpose Internet Mail Extention)类型和 JSP 页面字符的编码。属性值的一般形式是:

"MIME 类型"或"MIME 类型;charset=编码",例如:

<%@ page contentType="text/html;charset=GB2312"%>

contentType 属性的默认值是"text/html ; charset=ISO−8859−1"。

（4）session 属性

该属性用于设置是否需要使用内置的 session 对象。session 内置对象将在下一节详细讲述。

session 的属性值可以是 true 或 false,session 属性默认的属性值是 true。

（5）buffer 属性

内置输出流对象 out 负责将服务器的某些信息或运行结果发送到客户端显示,buffer 属性用来指定 out 设置的缓冲区的大小或不使用缓冲区。

buffer 属性可以取值"none",设置 out 不使用缓冲区。Buffer 属性的默认值是 8 kb。

例如:

<%@ page buffer= "24kb"%>

（6）auotFlush 属性

该属性用于指定 out 的缓冲区被填满时,缓冲区是否自动刷新。

auotFlush 可以取值 true 或 false。auotFlush 属性的默认值是 true。当 auotFlush 属性取值 false 时,如果 out 的缓冲区填满时,就会出现缓存溢出异常。当 buffer 的值是"none"时, auotFlush 的值就不能设置成 false。

（7）isThreadSafe 属性

该属性用来设置 JSP 页面是否可多线程访问。

isThreadSafe 的属性值取 true 或 false。当 isThreadSafe 属性值设置为 true 时,JSP 页面能同时响应多个客户的请求;当 isThreadSafe 属性值设置成 false 时,JSP 页面同一时刻只能处理响应一个客户的请求,其他客户需排队等待。isThreadSafe 属性的默认值是 true。

（8）info 属性

该属性用于为 JSP 页面准备的一个字符串,属性值是某个字符串。例如:

<%@ page info= "this is a sample"%>

可以在 JSP 页面中使用方法：getServletInfo( )；获取 info 属性的属性值。例如：

[例 2-9]

```
<% @ page language="java" contentType="text/html; charset=UTF-8"
    pageEncoding="UTF-8"% >
<% @ page info="this is a sample!" % >
<html>
<head>

<title>Insert title here</title>
</head>
<body>
JSP 页面<br>
<% =getServletInfo()% >

</body>
</html>
```

注意：当 JSP 页面被转译成 Java 文件时，转译成的类是 Servlet 的一个子类，所以在 JSP 页面中可以使用 Servlet 类的方法：getServletInfo( )。

用浏览器访问该 JSP 页面，效果如图 2.9 所示。

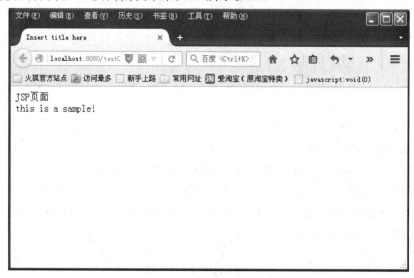

图 2.9　info 属性

（9）errorPage 属性

errorPage 的作用是设置当前页面为错误页面，当在别的页面设置 errorPage = "error 画面 url 地址" 后，在设置页面出现问题后就自动会跳转到 url 地址的错误页面。

（10）isErrorPage 属性

该属性用于指定当前这个页面是否为错误页面。如果其他的页面发生错误，就会跳转

到这里来。errorPage 与 isErrorPage 属性一般是配合使用的,例如:

[例 2-10]

test. jsp

```
<% @ page language="java" contentType="text/html; charset=UTF-8"
    pageEncoding="UTF-8" errorPage="error.jsp"% >
<html>
<head>

<title>Insert title here</title>
</head>
<body>
JSP 页面<br>
<% =1/0 % >
</body>
</html>
```

error. jsp

```
<% @ page language="java" contentType="text/html; charset=UTF-8"
    pageEncoding="UTF-8" isErrorPage="true"% >
<! DOCTYPE html PUBLIC "-//W3C//DTD HTML 4.01 Transitional// EN"
"http://www.w3.org/TR/html4/loose.dtd">
<html>
<head>
<meta http-equiv="Content-Type" content="text/html; charset=UTF-8">
<title>Insert title here</title>
</head>
<body>
这是错误页面
</body>
</html>
```

用浏览器访问该 test. jsp 页面时,因为出现了除数为 0 的数学错误,所以会直接跳转到 errorPage 属性指定的错误页面 error. jsp,效果如图 2.10 所示。

2. include 指令

include 指令用于在 JSP 页面中静态包含一个文件。

该文件可以是 JSP 页面、HTML 网页、文本文件或一段 Java 代码。

include 指令的语法如下:

`<%@ include file="包含文件的路径与名称" % >`

图 2.10　错误页面

使用了 include 指令的 JSP 页面在转换时，JSP 容器会在其中插入所包含文件的文本或代码。

[例 2-11]

a. jsp

```html
<html>
  <body>
  this is a.jsp
  </body>
</html>
```

b. jsp

```html
<html>
  <body>
  this is b.jsp
  </body>
</html>
```

test. jsp

```jsp
<% @ page language="java" contentType="text/html; charset=UTF-8"
    pageEncoding="UTF-8" % >
<html>
<head>

<title>Insert title here</title>
</head>
<body>
```

```
<% @ include file="a.jsp" % ><br>
JSP 页面<br>
<% @ include file="b.jsp" % ><br>


</body>
</html>
```

用浏览器访问该 test.jsp 页面,效果如图 2.11 所示。

图 2.11　include 指令标签

3. taglib 指令

用于导入标签库,taglib 指令的语法如下:

<% @ taglib uri ="标签库 uri" prefix ="前缀" % >

- uri 属性　用来指定标签库的存放位置。
- prefix 属性　指定该标签库必须使用的前缀。

例如:

<% @ taglib uri ="/struts-tags" prefix ="s" % >

2.2.2　JSP 动作标签

动作标签是一种特殊的标签,它影响 JSP 运行时的功能。JSP 中 7 个动作为:Include,Forward,UseBean,GetProperty,SetProperty,Plugin,Param。

JSP 动作的语法为:

<jsp:动作名称 属性 1 ="属性 1 的值 1" 属性 2 ="属性 2 的值 2"……/>

1. include 动作

<jsp：include>:在用户请求时包含文件(动态包含)

Include 动作的语法如下:

<jsp:include page ="包含文件的路径与名称"/>

该动作标签告诉 JSP 页面动态包含一个文件,即包含和被包含的文件各自编译,当用户

请求页面时,才动态地将文件加入。

[例 2-12]

test. jsp

```
<% @ page language="java" contentType="text/html; charset=UTF-8"
    pageEncoding="UTF-8" % >
<html>
<head>

<title>Insert title here</title>
</head>
<body>
<jsp:include page="a.jsp" /><br>
JSP 页面<br>
<jsp:include page="b.jsp"/>
</body>
</html>
```

用浏览器访问该页面,效果如图 2.12 所示。

图 2.12　include 动作标签

从视觉效果上看,<%@ include %>是指令标签,与<jsp:include />动作标签没有什么太大的差别。但是,include 动作标签与静态插入文件的 include 指令标签有很大的不同。动作标签是在执行时才对包含的文件进行处理,因此,JSP 页面和它所包含的文件在逻辑和语法上是独立的。如果你对包含的文件进行了修改,那么运行时看到所包含文件修改后的结果。而静态 include 指令包含的文件如果发生了变化,就必须要重新将 JSP 页面转译成 java 文件(可将该 JSP 页面重新保存,然后再访问,就可产生新的转译 Java 文件),否则只能看到所包含的修改前的文件内容。

Include 指令和 Include 动作的区别:

● 指令执行速度相对较快,灵活性较差(只编译一个文件,但是一旦有一个文件发生变化,两个文件都要重新编译);动作执行速度相对较慢,灵活性较高。

  ● 在使用时,如果是静态页面,则使用 Include 指令;如果是动态页面,则使用 Include 动作。

2. forward 动作

<jsp:forward>:转发用户请求。

forword 动作的语法如下:

<jsp:forward page="跳转文件的路径与名称"/>

forward 动作的作用是:重定向一个 html,jsp 或者是一个程序段,也就是跳转到另外一个页面。这是一种服务器端的跳转(转发带请求的数据,URL 地址不变)。

[例 2-13]

a. jsp

```
<html>
    <body>
    this is a.jsp
    <jsp:forward page='b.jsp'></jsp:forward>
    </body>
</html>
```

b. jsp

```
<html>
  <body>
    this is b.jsp
  </body>
</html>
```

用浏览器访问该 a. jsp,却显示的是 b. jsp 画面,这就是因为 forward 动作的页面跳转作用,效果如图 2.13 所示。

图 2.13　forward 动作标签

3. useBean 动作

<jsp:useBean>:在 JSP 页面中创建一个 Bean 实例并指定它的名字和作用范围。

Bean：直译为豆子，可以理解为一个相对独立的实体。

Javabean：就是一个普通的 Java 类。

Javabean 的特点：

• 构造方法没有参数；

• 成员变量安全，最好定义为私有；

• 需要访问的成员变量应该有 get 和 set 方法。

（1）useBean 动作的语法

<jsp:useBean id="bean 的名字" class="bean 类路径与类名" scope="可用范围"/>

①id：bean 的名字，用来表示这个实例；

②scope：表示此对象可以使用的范围；可取值为以下几种：

• page：有效范围为包含<jsp:useBean>元素的 JSP 文件以及此文件中的所有静态包含文件，直到页面执行完毕向客户端发回响应或转到另一个页面为止。

• request：有效范围为任何执行相同请求的 JSP 页面中，直到页面执行完毕向客户端发回响应或转到另一个页面为止。

• session：有效范围为从创建 JavaBean 开始，在任何使用相同 session 的 JSP 页面中，直到 sessions 结束。这个 JavaBean 实例存在于整个 session 生存周期内，任何此 session 中的 JSP 页面都能使用同一 JavaBean 实例。

• application：有效范围为从创建 JavaBean 开始，在应用程序的所有 JSP 页面中都有效。这个 JavaBean 实例存在于整个 application 生存周期内，直到服务器关闭才被取消。

③class：Bean 的类路径和类名。

（2）创建 JavaBean 的两种方式

①使用嵌入 Java 代码的方式，其代码如下：

```
<%
reg.Register register=new reg.Register();
%>
```

②使用 useBean 标签的方式，其代码如下：

<jsp:useBean id="register" class="reg.Register" scope="request"/>

两者是等价的，这两种方式的等价关系图如图 2.14 所示（注意箭头所指部分等价）。

图 2.14　在 JSP 页面中创建类的对象的两种方式的等价关系

useBean 动作经常也和 getProperty，setProperty 动作一起使用。

4. getProperty 与 setProperty 动作

<jsp:getProperty> <jsp:setProperty>：获取与设置 Bean 的属性值，用于显示在页面中。

getProperty 与 setProperty 动作的语法如下：

<jsp:setProperty name="bean 的名字" property="属性名" value="值"/>

<jsp:getProperty name="bean 的名字" propertry="属性名"/>

- name 属性：设为要用的 Javabean 的名字，也就是 userBean 动作标签 id 属性的值。
- property 属性：Java 类中的成员变量的名字。
- value 属性：赋给 Java 类中成员变量的值。

有一个 Java 类 User.java，它有 username 和 password 两个成员变量。

[例 2-14]

```
package model;

public class User {
private String username;
private String password;
public String getUsername() {
    return username;
}
public void setUsername(String username) {
    this.username = username;
}
public String getPassword() {
    return password;
}
public void setPassword(String password) {
    this.password = password;
}

}
```

test.jsp

```
<% @ page language="java" contentType="text/html; charset=UTF-8"
    pageEncoding="UTF-8" % >
<html>
<head>

<title>Insert title here</title>
```

```
</head>
<body>
<jsp:useBean id="user" class="model.User"></jsp:useBean>
<jsp:setProperty name="user" property="username" value="jack" />
<jsp:setProperty name="user" property="password" value="123" />

用户名:<jsp:getProperty name="user" property="username" />
<br>
密　码:<jsp:getProperty name="user" property="password" />
</body>
</html>
```

test. jsp 创建了一个 Javabean，名叫 user，使用 setProperty 动作给这个 Javabean 的成员变量赋值，然后使用 getProperty 取出其值。用浏览器访问 test. jsp，效果如图 2.15 所示。

图 2.15　useBean，getProperty，setProperty 动作标签

5. param 与 params 动作

<jsp:param>:用于传递参数。以"名字—值"对的形式为其他标签提供附加信息。

param 动作的语法如下：

<jsp:param name="名字" value="指定给 param 的值">

param 与 params 动作元素不能单独使用，可以与 jsp:include、jsp:forward、jsp:plugin 标签一起使用。现在来看一下页面是如何给被其包含的页面传递参数的。

当该标签与 jsp:include 标签一起使用时，可以将 param 标签中的值传递到 include 指令要加载的文件中去，因此 include 动作标签如果结合 param 标签，可以在加载文件的过程中向该文件提供信息。

[例 2-15]

test. jsp

```
<% @ page language="java" contentType="text/html; charset=UTF-8"
    pageEncoding="UTF-8" % >
<html>
<head>
```

```
<title>Insert title here</title>
</head>
<body>
    包含页面<br>
  <jsp:include page="a.jsp" >
     <jsp:param value="this is param" name="id"/>
  </jsp:include>

</body>
</html>
```

a. jsp

```
<% @ page language="java" contentType="text/html; charset=UTF-8"
  pageEncoding="UTF-8" % >
<html>
<head>

<title>Insert title here</title>
</head>
<body>

<% = request.getParameter("id") % >

</body>
</html>
```

用浏览器访问 test. jsp,效果如图 2.16 所示。

图 2.16 param 动作标签

2.3 JSP 内置对象

在本节将学习：

- JSP 内置对象的概念；
- JSP 常用内置对象的使用。

JSP 内置对象是一些不用声明，也不用像一般的 Java 对象那样用"new"去获取实例的对象，这些对象可以直接在 JSP 页面的脚本部分使用。

JSP 的内置对象一共有 9 个，大致分为 4 类，其分类结构如图 2.17 所示。

图 2.17　JSP 内置对象

2.3.1　request 对象

1. request 对象简介

response 和 request 对象是 JSP 的内置对象中较重要的两个，这两个对象提供了对服务器和浏览器通信方法的控制。

HTTP 通信协议是客户与服务器之间一种提交（请求）信息与响应信息（request/respone）的通信协议。在 JSP 中，内置对象 request 封装了用户提交的信息，即使用 HTTP 协议处理客户端请求时，表单提交的数据就存放在 request 对象中。

那么，使用 request 对象相应的方法可以获取封装的信息，即使用该对象可以获取用户提交的信息。

2. request 对象的常用方法

（1）String getParameter（String name）

根据键去获取 request 中存放对象的值。参数 name 就是键。关于参数"键"可以这样理解，当你去超市买东西时，可能会寄存行李，寄存行李的时候为了能找回你寄存的行李，营业员会给你一个凭据，你通过凭据将行李取回，这个凭据就是参数"键"。

（2）String[ ] getParameterValues（String name）

根据页面表单中的输入控件名称获取对应的多个值，一般用于获取复选框、复选列表框等输入控件,获取里边输入的多个值;参数 name 表示输入控件的名称。

客户通常使用 HTML 表单向服务器的某个 JSP 页面提交信息表单的一般格式是:

```
<FORM method = "get" action = "提交信息的目的地页面">
表单内容
</FORM>
```

其中<Form>是表单标签,method 取值 get 或 post。post 表示直接从输入设备(键盘、鼠标)获得,get 表示从表单中定义的变量中获得。为了中文的良好支持,建议使用 post。get 方法和 post 方法的主要区别是:使用 get 方法提交的信息会在提交的过程中显示在浏览器的地址栏中,而 post 方法提交的信息不会显示在地址栏中。

友情提示:

关于 post 与 get 的区别

get 是用来从服务器上获得数据,而 post 是用来向服务器上传递数据。

get 将表单中数据的按照 variable = value 的形式,添加到 action 所指向的 URL 后面,并且两者使用"?"连接,而各个变量之间使用"&"连接;post 是将表单中的数据放在 form 的数据体中,按照变量和值相对应的方式,传递到 action 所指向的 URL。

get 是不安全的,因为在传输过程,数据被放在请求的 URL 中,而如今现有的很多服务器、代理服务器或者用户代理都会将请求 URL 记录到日志文件中,然后放在某个地方,这样就可能会有一些隐私的信息被第三方看到。另外,用户也可以在浏览器上直接看到提交的数据,一些系统内部消息将会一同显示在用户面前。而 post 的所有操作对用户来说都是不可见的。

get 传输的数据量小,这主要是因为受 URL 长度限制;而 post 可以传输大量的数据,所以上传文件只能使用 post。

限制 form 表单的数据集的值必须为 ASCII 字符;而 post 支持整个 ISO10646 字符集。

get 是 form 标签的默认方法。

表单内容包括:文本框、下拉列表、复选框等,如下例。

[**例 2-16**]

test. jsp

```
<% @ page language="java" contentType="text/html; charset=UTF-8"
    pageEncoding="UTF-8" % >
<html>
<head>


<title>Insert title here</title>
</head>
<body>
```

```
<FORM action="next.jsp" method="post">
  <INPUT type="text" name="boy" value="ok">
  <INPUT TYPE="submit" value="提交" name="submit">
</FORM>
</body>
</html>
```

该表单使用 post 方法向页面 next.jsp 提交信息,提交信息的手段是:在文本框输入信息,其中默认信息是"ok";然后单击【提交】按钮向服务器的 JSP 页面 next.jsp 提交信息。这些信息都被封装在了 request 对象中,在 next.jsp 页面我们就可以通过 request 对象取值使用。

request 对象可以使用 getParameter(String s)方法获取该表单通过 text 文本框提交的信息,该方法的参数为 jsp 画面控件的 name 属性的值。

[例 2-17]

next.jsp

```
<%@ page language="java" contentType="text/html; charset=UTF-8"
    pageEncoding="UTF-8"%>
<html>
<head>

<title>Insert title here</title>
</head>
<body>
    <%=request.getParameter("boy")%>
</body>
</html>
```

用浏览器访问 test.jsp,效果如图 2.18 所示。单击提交后跳转到 next.jsp 画面,效果如图 2.19 所示。

图 2.18　request 对象使用

(3)getRequestDispatcher(String location).forward(request,response)

进行请求转发,参数 location 为请求转发页面文件的 URL 地址。例如下面的例子,如果

图 2.19　request 对象使用

客户输入的表单信息长度不够(长度小于 5),就会被引导到一个错误页面。

[例 2-18]

test. jsp

```
<% @ page language="java" contentType="text/html;charset=UTF-8"
    pageEncoding="UTF-8" % >
<html>
<head>

<title>Insert title here</title>
</head>
<body>
    <FORM action="next.jsp" method= "post" >
      <INPUT type="text" name="boy" value= "ok" >
      <INPUT TYPE="submit" value="提交" name= "submit">
    </FORM>
</body>
```

next. jsp

```
<% @ page language="java" contentType="text/html;charset=UTF-8"
    pageEncoding="UTF-8" % >
<html>
<head>

<title>Insert title here</title>
</head>
<body>

<% String str=request.getParameter("boy");
    if(str.length()<5) {
```

```
        request.getRequestDispatcher("error.jsp").forward(request,
response);
        }
        else
        {
          out.print("欢迎您来到本网页!");
          out.print(str);
        }
    %>

</body>
</html>


error.jsp
<%@ page language="java" contentType="text/html; charset=UTF-8"
    pageEncoding="UTF-8" %>
<html>
<head>

<title>Insert title here</title>
</head>
<body>
    出错了! 你输入长度不够!
    <% =request.getParameter("boy") %>
</body>
```

用浏览器访问 test.jsp，效果如图 2.20 所示。当在文本框中输入"123456"或者"1234"，单击"提交"按钮后，会根据条件，分别跳转到图 2.21 和图 2.22 所示的画面。

图 2.20   请求转发-1

图2.21　请求转发-2

图2.22　请求转发-3

还可以使用 JSP 的内置对象 request 对象的其他方法来获取客户提交的信息。

（4）getProtocol（）

获取客户向服务器提交信息所使用的通信协议，比如 HTTP/1.1 等。

（5）getServletPath（）

获取客户请求的 JSP 页面文件的目录。

（6）getContentLength（）

获取客户提交的整个信息的长度。

（7）getMethod（）

获取客户提交信息的方式，比如：post 或 get。

（8）getHeader（String s）

获取 HTTP 头文件中由参数 s 指定的头名字的值，一般来说 s 参数可取的头名有：accept，referer，accept-language，content-type，accept-encoding，user-agent，host，content-length，connection，cookie 等，例如，s 取值 user-agent 将获取客户的浏览器的版本号等信息。

（9）getHeaderNames（）

获取头名字的一个枚举。

（10）getHeaders（String s）

获取头文件中指定头名字的全部值的一个枚举。

（11）getRemoteAddr( )

获取客户的 IP 地址。

（12）getRemoteHost( )

获取客户机的名称（如果获取不到，就获取 IP 地址）。

（13）getServerName( )

获取服务器的名称。

（14）getServerPort( )

获取服务器的端口号。

（15）getParameterNames( )

获取客户提交的信息体部分中 name 参数值的一个枚举。

将例 2-18 的 test. jsp 不变，对 next. jsp 进行改造。

[例 2-19]

next. jsp

```
<% @ page language="java" contentType="text/html;charset=UTF-8"
    pageEncoding="UTF-8"% >
<% @ page import="java.util.*"% >
<html>
<head>

<title>Insert title here</title>
</head>
<body>

<BR>客户使用的协议是:<% =request.getProtocol()% >

<BR>获取接受客户提交信息的页面:<% =request.getServletPath()% >

<BR>接受客户提交信息的长度:<% =request.getContentLength()% >

<BR>客户提交信息的方式:<% =request.getMethod()% >

<BR>获取 HTTP 头文件中 User-Agent 的值:<% =request.getHeader("User-
Agent")% >

<BR>获取 HTTP 头文件中 accept 的值:<% =request.getHeader ("accept")% >

<BR>获取 HTTP 头文件中 Host 的值:<% =request.getHeader("Host")% >
```


获取 HTTP 头文件中 accept-encoding 的值:
<% =request.getHeader("accept-encoding")% >

获取客户的 IP 地址:<% =request.getRemoteAddr()% >

获取客户机的名称:<% =request.getRemoteHost()% >

获取服务器的名称:<% =request.getServerName()% >

获取服务器的端口号:<% =request.getServerPort()% >

获取客户端提交的所有参数的名字:
<% Enumeration e=request.getParameterNames();
while(e.hasMoreElements())
{String s=(String)e.nextElement();
out.println(s);
}
% >

获取头名字的一个枚举:
<% Enumeration enum_headed=request.getHeaderNames();
while(enum_headed.hasMoreElements())
{String s=(String)enum_headed.nextElement();
out.println(s);
}
% >

获取头文件中指定头名字的全部值的一个枚举:
<% Enumeration enum_headedValues=request.getHeaders("cookie");
while(enum_headedValues.hasMoreElements())
{String s=(String)enum_headedValues.nextElement();
out.println(s);
}
% >

<P>文本框 text 提交的信息:
<% =request.getParameter("boy")% >

</body>

```
</html>
```

用浏览器访问 test. jsp,效果如图 2. 18 所示。单击提交后跳转到 next. jsp 画面,效果如图 2. 23 所示。

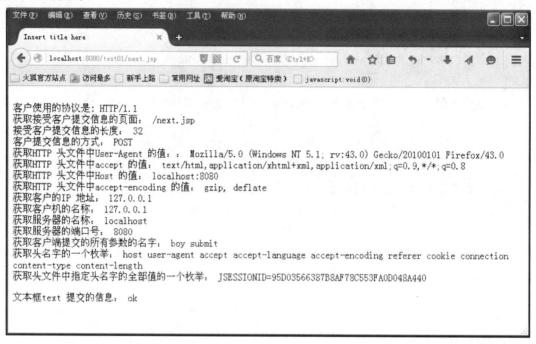

图 2. 23　request 对象使用

2.3.2　response 对象

1. response 对象简介

当客户访问一个服务器的页面时,会提交一个 HTTP 请求,服务器收到请求时,返回 HTTP 响应。响应和请求类似,也有某种结构,每个响应都由状态行开始,可以包含几个头及可能的信息体(网页的结果输出部分)。

上一节学习了用 request 对象获取客户请求提交的信息,与 request 对象相对应的对象是 response 对象。可以用 response 对象对客户的请求作出动态响应,向客户端发送数据。例如,当一个客户请求访问一个 JSP 页面时,该页面用 page 指令设置页面的 contentType 属性的值是 text/html,那么,JSP 引擎将按着这种属性值响应客户对页面的请求,将页面的静态部分返回给客户。如果想动态地改变 contentType 的属性值就需要用 response 对象改变页面的这个属性的值,作出动态的响应。

2. response 对象的常用方法

（1）void response. sendRedirect(String location)

response 也可以重定向页面。在某些情况下,当响应客户时,需要将客户重新引导至另一个页面。参数是重定向的页面文件的 URL 地址。

[例 2-20]沿用例 2. 18 中的 test. jsp 与 error. jsp 都不变,将 next. jsp 稍微改动如下。

```
next.jsp
<%@ page language="java" contentType="text/html; charset=UTF-8"
    pageEncoding="UTF-8" %>
<html>
<head>

<title>Insert title here</title>
</head>
<body>

<% String str=request.getParameter("boy");
  if(str.length()<5) {
    response.sendRedirect("error.jsp");
  }
  else
  {
    out.print("欢迎您来到本网页!");
    out.print(str);
  }
%>


</body>
</html>
```

用浏览器访问 test.jsp,效果如图 2.24 所示。当在文本框中输入"123456"或者"1234",单击"提交"按钮后,会根据条件,分别跳转到图 2.25 和图 2.26 所示的画面。

图 2.24　response 重定向-2

图 2.25　response 重定向-2

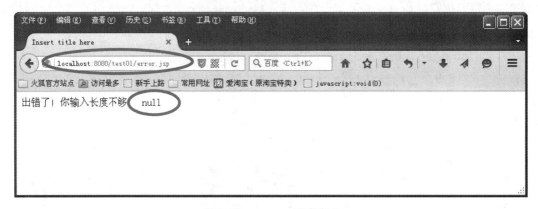

图 2.26　response 重定向-3

现在发现这个例子跟前面的例子有什么不同了吗？比较图 2.22 与图 2.26,有两个地方不一样。request. getRequestDispatcher( ). forward( )与 response. sendRedirect( )都可以用于页面迁移,下面来讨论它们的区别。

①request. getRequestDispatcher( ). forward( )是请求转发,前后页面共享一个 request,而 response. sendRedirect( )是重新定向,前后页面不是一个 request。

response. sendRedirect(url)跳转到指定的 URL 地址,产生一个新的 request,所以要传递参数只有在 URL 后加参数,如 url? id=1。

request. getRequestDispatcher(url). forward(request,response)是直接将请求转发到指定 URL,所以该请求能够直接获得上一个请求的数据,也就是说采用请求转发,request 对象始终存在,不会重新创建。而 sendRedirect( )会新建 request 对象,所以上一个 request 中的数据会丢失。

②request. getRequestDispatcher ( ). forward ( ) 是在服务器端运行,而 response. sendRedirect( )是通过向客户浏览器发送命令来完成,所以 RequestDispatcher. forward( )对于浏览器来说是"透明的";而 HttpServletResponse. sendRedirect( )则不是。

使用 response. sendRedirect ( )地址栏将改变,使用 request. getRequestDispatcher ( ). forward(request,response)地址栏中的信息保持不变。

更具体来说:redirect 会首先发一个 response 给浏览器,然后浏览器收到这个 response 后再发一个 request 给服务器,最后,服务器再发新的 response 给浏览器。这时页面收到的是一个新从浏览器发来的 request。forward 发生在服务器内部,在浏览器完全不知情的情况下发给了浏览器另外一个页面的 response,这时页面收到的 request 不是从浏览器直接发来的了,可能已经用 request. setAttribute 在 request 里放了数据,再转到的页面可直接用 request. getAttribute 获得数据。

2.3.3　session 对象

1. session 对象简介

要明白 session 对象有什么用,就要先了解 session 是什么,然后再了解 JSP 内置对象——session 对象,因为,session 和 session 对象是两个差别很大的概念。

(1)了解 session

session 的中文译名称为“会话”,其本来的含义是指有始有终的一系列动作/消息,例如,打电话时从拿起电话拨号到挂断电话这中间的一系列过程可以称为一个 session。目前,社会上对 session 的理解非常混乱:有时候可以看到这样的话“在一个浏览器会话期间,……”,这里的会话是指从一个浏览器窗口打开到关闭此期间;也可以看到“用户(客户端)在一次会话期间”这样一句话,它可能指用户的一系列动作(一般情况下是同某个具体目的相关的一系列动作,如从登录到选购商品到结账登出这样一个网上购物的过程);然而有时候也可能仅仅是指一次连接;其中的差别只能靠上下文来推断了。

当 session 一词与网络协议相关联时,它又往往隐含了“面向连接”和/或“保持状态”这样两个含义,“面向连接”指的是在通信双方在通信之前要先建立一个通信的渠道,如打电话,直到对方接了电话通信才能开始。“保持状态”则是指通信的一方能够把一系列的消息关联起来,使得消息之间可以互相依赖,如一个服务员能够认出再次光临的老顾客并且记得上次这个顾客还欠店里一元钱。这一类的例子有“一个 TCP session”或者“一个 POP3 session”等。

鉴于这种混乱已不可改变,要为 session 下个定义就很难有统一的标准。不过可以这样理解:例如打电话时,从拨通的那一刻起到挂断电话期间,因为电话一直保持着接通的状态,所以把这种接通的状态叫做 session。session 是访客与整个网站交互过程中一直存在的公有变量,在客户端不支持 cookie 的时候,为了保证数据正确、安全,就采用 session 变量。访问网站的来客会被分配一个唯一的标识符,即所谓的会话 ID。它要么存放在客户端的 cookie,要么经由 URL 传递。

session 的发明填补了 HTTP 协议的局限:HTTP 协议被认为是无状态协议,无法得知用户的浏览状态,当它在服务端完成响应之后,服务器就失去了与该浏览器的联系。这与 HTTP 协议本来的目的是相符的,客户端只需要简单地向服务器请求下载某些文件,无论是客户端还是服务器都没有必要纪录彼此过去的行为,每一次请求之间都是独立的,好比一个顾客和一个自动售货机或者一个普通的(非会员制)大卖场之间的关系一样。

因此,通过 session(cookie 是另外一种解决办法)记录用户的有关信息,以供用户再次以此身份对 Web 服务器提起请求时作确认。会话的发明使得一个用户在多个页面间切换时能够保存他的信息。网站编程人员都有这样的体会,每一页中的变量是不能在下一页中使用的(虽然 Form,URL 也可以实现,但这都是非常不理想的办法),而 session 中注册的变量就可以作为全局变量使用了。

那么 session 到底有什么用处呢？网上购物时大家都用过购物车，你可以随时把你选购的商品加入到购物车中，最后再去收银台结账。在整个过程中购物车一直扮演着临时存贮被选商品的角色，用它追踪用户在网站上的活动情况，这就是 session 的作用。session 可以用于用户身份认证，程序状态记录，页面之间参数传递等。

session 的实现中采用 cookie 技术，session 会在客户端保存一个包含 session_id（session 编号）的 cookie；在服务器端保存其他 session 变量，比如 session_name 等。当用户请求服务器时也把 session_id 一起发送到服务器，通过 session_id 提取所保存在服务器端的变量，就能识别用户是谁了。同时也不难理解为什么 session 有时会失效了。

当客户端禁用 cookie 时（单击 IE 中的"工具"→"Internet 选项"，在弹出的对话框里选择"安全"→"自定义级别"项，将"允许每个对话 cookie"设为禁用），session_id 将无法传递，此时 session 失效。不过 php5 在 Linux/Unix 平台可以自动检查 cookie 状态，如果客户端设置了禁用，则系统自动把 session_id 附加到 URL 上传递。Windows 主机则无此功能。

简言之，session 就是客户端与服务端的一次会话，会话时间从客户连接到服务器开始到与服务器断开连接为止。

（2）了解 session 对象

session 是 JSP 内置对象之一，它是用来保存每个连接上服务器的用户的会话信息，以便跟踪每个用户的操作状态。对该对象的理解有以下 3 点：

- session 对象存储有关用户会话的所有信息；
- session 对象的生命周期是用户的一次会话，当会话结束，session 对象消亡；
- session 对象的类型是 javax. servlet. http. HttpSession。

2. session 对象的常用方法

（1）void setAttribute（String name，Object value）

以键/值的方式，将一个对象的值存放到 session 中，参数 name 是键，表示一个对象的值保存在 session 中的时候给该值取的名字；参数 value 是对象名。

（2）Object getAttribute（String name）

根据键去获取 session 中存放对象的值。参数 name 就是键，它来源于 setAttribute 方法中的参数 name。

[例 2-21]session 对象的使用，不同顺序运行 session1. jsp、session2. jsp 两个页面。第一次，先运行 session2. jsp 再运行 session1. jsp；第二次，先关闭第一次运行打开的所有浏览器，然后运行 session1. jsp，再运行 session2. jsp。比较两次结果有什么不同？请大家自己验证。

session1. jsp 源码：

```
<%
session.setAttribute("name","admin");
%>
```

session2. jsp 源码：

```
<%
```

```
if(session.getAttribute("name")! =null){
  String name = (String) session.getAttribute("name");
  out.println(name);
}
% >
```

2.3.4　application 对象

1. application 对象简介

当一个客户第一次访问服务器上的一个 JSP 页面时,JSP 引擎创建一个和该客户相对应的 session 对象,当客户在所访问的网站的各个页面之间浏览时,这个 session 对象都是同一个,直到客户关闭浏览器,这个 session 对象才被取消;而且不同客户的 session 对象是互不相同的。与 session 对象不同的是 application 对象。服务器启动后,就产生了这个 application 对象。当一个客户访问服务器上的一个 JSP 页面时,JSP 引擎为该客户分配这个 application 对象,当客户在所访问的网站的各个页面之间浏览时,这个 application 对象都是同一个,直到服务器关闭,这个 application 对象才被取消。与 session 对象不同的是,所有客户的 application 对象是相同的一个,即所有的客户共享这个内置的 application 对象。JSP 引擎为每个客户启动一个线程,也就是说,这些线程共享这个 application 对象。

2. application 对象的常用方法

(1)public void setAttribute(String name,Object obj)

以键/值的方式,将一个对象的值存放到 application 中,参数 name 是键,表示一个对象的值保存在 application 中的时候给该值取的名字;参数 obj 是对象名。如果添加的两个对象的关键字相同,则先前添加对象被清除。

(2)public Object getAttibue(String name)

根据键去获取 session 中存放对象的值。参数 name 就是键,它来源于 setAttribute 方法中的参数 name。由于任何对象都可以添加到 application 对象中,因此,用该方法取回对象时,应强制转化为原来的类型。

2.3.5　out 对象

1. out 对象简介

out 对象是一个输出流,用来向客户端输出数据。

2. out 对象的常用方法

①out. print(Boolean) ,out. println(boolean) :用于输出一个布尔值。

②out. print(char) ,out. println(char) :输出一个字符。

③out. print(double) ,out. println(double) :输出一个双精度的浮点数。

④out. print(fload) ,out. println(float) :用于输出一个单精度的浮点数。

⑤out. print(long) ,out. println(long) :输出一个长整型数据。

⑥out. print(String) ,out. println(String) :输出一个字符串对象的内容。

2.4　巩固与提高

1. 选择题

(1)JSP 页面是在传统的 HTML 页面文件中加入 Java 程序片和 JSP 标签构成的,Java 程序片写在(　　)标记符号之间。

    A. <%　%>　　　　　B. <!　!>　　　　　C. <@　@>　　　　　D. <&　&>

(2)JSP 指令标签包括 include 指令,taglib 指令和(　　)。

    A. forward 指令　　　B. useBean 指令　　　C. page 指令　　　　D. param 指令

(3)以下 JSP 指令标签的书写中,正确的是(　　)。

    A. <%! page 属性="值" %>　　　　　　B. <%@ page　属性="值" %>

    C. <% #page 属性="值" %>　　　　　　D. <% & page　属性="值" %>

(4)page 指令标签的属性中可以指定多个值的是(　　)。

    A. contentType 属性　B. language 属性　　C. import 属性　　　D. session 属性

(5)下面不是 useBean 动作可能的属性值的是(　　)。

    A. contentType　　　　B. id　　　　　　　C. scope　　　　　　D. class

(6)给定 test1. jsp 代码片断,如下:

```
<html>
    <jsp:include page="test2.jsp" flush="false">
      <jsp:param name="color" value="red"/>
    </jsp:include>
</html>
```

要在 test2. jsp 中输出参数 color 中的值,以下选项正确的是(　　)。

    A. <% –request. getParameter("color")%>

    B. <% =request. getAttribute("color")%>

    C. <jsp:getParam name="color"/>

    D. <jsp:include param="color"/>

(7)在 Javaee 中,以下有关 jsp:setProperty 和 jsp:getProperty 标记的描述,正确的是(　　)。

    A. <jsp:setProperty>和<jsp:getProperty>标记都必须在<jsp:useBean>的开始标记和结束标记之间

    B. 这两个标记的 name 属性的值必须和<jsp:usebean>标记的 id 属性的值相对应

    C. <jsp:setProperty>和<jsp:getProperty> 标记可以用于对 bean 中定义的所有属性进行选择和设置

    D. 这两个标记的 name 属性的值可以和<jsp:userbean>标记的 id 属性的值不同

(8)在 Javaee 中,在 a. jsp 中有代码片断如下:在 b. jsp 中加入下列(　　)代码,可以输出在 a. jsp 页面上输入的 loginName 的值。

```
<form action ="b.jsp" method ="POST" name="form1">
    loginName:<input type="text" name="loginName"/>
```

```
    <input type="submit" name="submit"/>
</form>
```

A. <% = (String)request.getParameter("loginName")% >

B. <% = (String)request.gerAttribute("loginName")% >

C.

```
    <% Stirng name=request.getParameter("loginname");
        out.println(name);
    %>
```

D.

```
    <% String name-request.getAttribute("loginname");
        out.println(name);
    %>
```

(9)在 JSP 中如果要导入 java.io.* 包,应该使用(　　)指令。

A. page　　　　　　　B. taglib　　　　　　C. include　　　　　　D. forward

(10)page 指令用于定义 JSP 文件中的全局属性,下列关于该指令用法的描述错误的是
(　　)。

A. <%@ page %>作用于整个 JSP 页面

B. 可以在一个页面中使用多个<%@ page %>指令

C. 为增强程序的可读性,建议将<%@ page %>指令放在 JSP 文件的开头,但不是
必需的

D. <%@ page %>指令中的属性只能出现一次

(11)以下(　　)注释可以被发送到客户端的浏览器。

A. <%--第一种 --% >　　　　　　　　　B. <% //第二种 % >

C. <% / * 第三种 * / % >　　　　　　　　D. <! --第四种 -->

(12)Page 指令的(　　)属性可以设置 JSP 页面是否可多线程访问。

A. session　　　　　　B. buffer　　　　　　C. isThreadSafe　　　D. Info

(13)可在 JSP 页面出现该指令的位置处,静态插入一个文件(　　)。

A. page 指令标签　　　　　　　　　　B. page 指令的 import 属性

C. include 指令标签　　　　　　　　　D. include 动作标签

(14)Page 指令的作用是(　　)。

A. 用来定义整个 JSP 页面的一些属性和这些属性的值

B. 用来在 JSP 页面内某处嵌入一个文件

C. 使该 JSP 页面动态包含一个文件

D. 指示 JSP 页面加载 Java plugin

(15)在 JSP 中调用 JavaBean 时不会用到的标记是(　　)。

A. <javabean>　　　　　　　　　　　B. <jsp:useBean>

C. <jsp:setProperty>　　　　　　　　D. <jsp:getProperty>

(16)在 JSP 中如果要导入 java.io.* 包,应该使用(　　)指令。

A. page　　　　　　　　B. taglib　　　　　　C. include　　　　　　D. forward

（17）如果当前 JSP 页面出现异常时需要转到一个异常页，需要设置 page 指令的（　　　　）属性。

    A. Exception   B. isErrorPage   C. error   D. errorPage

（18）在 JSP 中的 Java 脚本中输出数据时可以使用（　　　　）对象的 print（ ）方法。

    A. page   B. session   C. out   D. application

2. 填空题

（1）在一个应用程序中不同的页面共享数据时，最好的 JSP 内置对象为_____。

（2）在传统的网页 HTML 文件（∗. htm，∗. html）中加入_____和_____，就构成了 JSP 网页。

3. 操作题

创建 mymsg. jsp，result. jsp，mymsg. jsp 效果如图 2. 27 所示，result. jsp 效果如图 2. 28 所示，当单击页面中提交按钮后在 result. jsp 页面中显示页面中用户输入的信息。

图 2.27　基本资料输入页面 mymsg. jsp

图 2.28　输入结果页面 result. jsp

第三章 | Servlet 应用

动态网页技术是当今主流的互联网 Web 应用技术之一,而 Servlet 是 Java Web 技术的核心基础。因此,掌握 Servlet 的工作原理是成为一名合格的 Java Web 技术开发人员的基本要求。Sun 公司推出的 JSP 技术是基于 Java Servlet 以及整个 Java 体系的 Web 开发技术。Servlet 为 Web 开发者提供了一种简便、可靠的机制来扩展 Web 服务器的功能,是快速、高效地开发 Web 动态网站的工具。本章将带你认识 Servlet 的工作原理、特点、JSP+Servlet 的编程技术以及过滤器的使用。

3.1 Servlet 工作原理

在本节将学习:
- Servlet 的工作原理;
- Servlet 的生命周期;
- Servlet 的重要方法。

3.1.1 Servlet 简介

Servlet 是 Sun 公司提供的一门用于开发动态 Web 资源的技术。Servlet(Server Applet),全称 Java Servlet,未有中文译文。狭义的 Servlet 是指 Java 语言实现的一个接口,广义的 Servlet 是指任何实现了这个 Servlet 接口的类,一般情况下,人们通常将 Servlet 理解为后者。

Sun 公司在其 API 中提供了一个 Servlet 接口,用户若想发布一个动态 Web 资源(即开发一个 Java 程序向浏览器输出数据),需要完成以下两个步骤:

①编写一个 Java 类,实现 Servlet 接口。

②把开发好的 Java 类部署到 Web 服务器中。

Servlet 运行于支持 Java 的应用服务器中。从原理上讲,Servlet 可以响应任何类型的请求,但绝大多数情况下 Servlet 只用来扩展基于 HTTP 协议的 Web 服务器。最早支持 Servlet 标准的是 JavaSoft 的 Java Web Server。此后,一些其他的基于 Java 的 Web 服务器开始支持标准的 Servlet。

1. Servlet 概念

如图 3.1 所示,用户在客户端浏览器中输入一个包含有 JSP 页面的网页地址时,浏览器通过网络将用户的地址请求发送到 Web 服务器(如图 3.1 中实线方框所示),Web 服务器会解析该地址将其中的 JSP 页面找到,然后交给服务器中的 JSP 引擎进行处理(如图 3.1 中虚线方框所示就是 JSP 引擎),JSP 引擎载入 JSP 页面,将其翻译成一段 Java 代码(如图 3.1 中椭圆所示），这段 Java 代码被 Java 前辈们赋予了一个特殊的名字：就是我们所说的 Servlet。可以将 Servlet 简单理解为 Web 服务器中执行的一段 Java 程序。不过，图 3.1 中的 Servlet 是 Web 服务器自动生成的，其实还可以自己创建 Servlet。

图 3.1　Servlet 是什么

● Servlet 是 Java 编写的服务器端程序，是由服务器端调用和执行的、按照 Servlet 自身规范编写的一个 Java 类。

● Servlet 是一种独立于平台和协议的服务器端的 Java 应用程序，可以生成动态的 Web 页面。

● 在 Servlet 中可以控制输出 HTML 代码，则所有的 HTML 代码可以使用 out. println（"HTML 代码"）；输出到页面。

2. Servlet 特点

Servlet 具备 Java 跨平台的优点，它不受软硬件环境的限制，其特点如下。

（1）可移植性好

Servlet 用 Java 编写。Servlet 代码被编译成字节码后，字节码由 Web Server 中与平台有关的 Java 虚拟机（JVM）来解释。Servlet 本身由无平台的字节码组成，所以，Servlet 无需任何实质上的改动即可移植到别的服务器上。几乎所有的主流服务器都直接或者通过插件支持 Servlet。

（2）高效

在传统的 CGI 中，客户机向服务器发出的每个请求都要生产一个新的进程。在 Servlet 中，每个请求将生产一个新的线程，而不是一个完整的进程。Servlet 被调用时，它被载入驻留在内存中，直到更改 Servlet，它才会被再次加载。

（3）功能强大

Servlet 可以使用 Java API 核心的所有功能，这些功能包括 Web 和 URL 访问、图像处理、数据压缩、多线程、JDBC、RMI、序列化对象等。

（4）方便

Servlet 提供了大量的实用工具例程，如自动解析和解码 HTML 表单数据、读取和设置 HTTP 头、处理 Cookie、跟踪会话状态等。

（5）可重用性

Servlet 提供重用机制，可以给应用建立组件或用面向对象的方法封装共享功能。

（6）模块化

JSP,Servlet,JavaBean 都提供把程序模块化的途径,把整个应用划分为许多离散的模块,各模块负责一项具体的任务,使程序便于理解。每一个 Servlet 可以执行一个特定的任务,Servlet 之间可以相互交流。

（7）节省投资

不仅有许多廉价甚至是免费的 Web 服务器可供个人或者小规模网站使用,而且对于现有的服务器,如果它不支持 Servlet 的话,想要加上这部分功能也往往是免费的或者只需要极少的投资。

（8）安全性

Servlet 可以充分利用 Java 的安全机制,并且可以实现类型的安全性。

3.1.2　Servlet 生命周期

一件事物,什么时候生,什么时候死,以及在其生存阶段的某一时点会触发的事件,统称为该事物的生命周期。

Servlet 的生命周期分为装载 Servlet、处理客户请求和结束 Servlet 三个阶段。

1.装载 Servlet

所谓装载 Servlet,实际上是 Web 服务器创建一个 Servlet 对象,并调用这个对象的 init( ) 方法完成必要的初始化工作。在 Servlet 的整个生命周期内,Servlet 的 init( ) 方法只有在 Servlet 被创建时被调用一次。通常情况下,服务器会在 Servlet 第一次被调用时创建该 Servlet 类的实例对象(servlet 出生);一旦被创建出来,该 Servlet 实例就会驻留在内存中,为后续请求服务。

在下列时刻服务器装载 Servlet:

- 如果配置了自动装载选项,则在启动 Web 服务器时自动装载 Servlet;
- 在 Web 服务器启动后客户端首次向 Servlet 发出请求时自动装载 Servlet;
- 重新装载 Servlet 时自动装载 Servlet。

2.处理客户请求

当 Servlet 初始化结束后,Servlet 接收由服务器传来的用户请求,调用 service( ) 方法处理客户请求。

service( ) 方法首先获得关于请求对象的信息,处理请求,访问相关资源,获得需要的信息。然后 service( ) 方法使用响应对象的方法将响应传回 Web 服务器,Web 服务器做响应处理后再将其传送至客户端。对于每次访问请求,Servlet 引擎都会创建一个新的 HttpServletRequest 请求对象和一个新的 HttpServletResponse 响应对象,然后将这两个对象作为参数传递给它调用的 Servlet 的 service( ) 方法,service 方法再根据请求方式分别调用 doGet( ) 或者 doPost( ) 方法。

Servlet 能够同时运行多个 service( ) 方法,对于每一个客户请求,Servlet 都在它自己的线程中调用 service( ) 方法为用户服务。但 Servlet 不再调用 init( ) 方法进行初始化。

3. 结束 Servlet

当 Web 服务器要卸载 Servlet 或者重新装载 Servlet 时，Servlet 实例对象会被销毁（Servlet 死亡）。服务器会调用 Servlet 的 destroy( )方法，将 Servlet 对象从内存中删除。

Servlet 的生命周期如图 3.2 所示，开始于装载到 Web 服务器，终止于销毁。当 Servlet 被加载后，注意通过调用 service( )方法为用户服务。

图 3.2　Servlet 提供服务的过程

3.1.3　Servlet 的生命周期方法

1. init( )方法

Servlet 第一次被请求加载时，服务器创建一个 Servlet 对象，这个对象调用 init( )方法完成必要的初始化工作。该方法在执行时，Servlet 会把一个 ServletConfig 类的对象传递给 init( )方法，这个对象就被保存在 Servlet 对象中，直到 Servlet 对象被销毁。

服务器只调用一次 init( )方法，以后的客户再请求 Servlet 服务时，Web 服务器将启动一个线程，在该线程中，Servlet 调用 service( )方法响应客户请求。

缺省的 init( )方法设置了 Servlet 的初始化参数，并用它的 ServletConfig 对象参数来启动配置，所以通常不必覆盖 init( )方法。但是在个别情况下也可以用自己编写的 init( )方法来覆盖它。例如，可以编写一个 init( )方法用于一次装入 GIF 图像，也可以编写一个 init( )方法初始化数据库连接。但需要注意的是，所有覆盖 init( )方法的 Servlet 应调用 super. init( )方法，以确保仍然执行这些任务。此外，在调用 service( )方法之前，应确保已完成了 init( )方法。

2. service( )方法

service( )方法是 Servlet 的核心。当每个客户请求一个 Servlet 对象时，该对象的 service( )方法就被调用，而且传递给 service( )方法一个 ServletRequest（请求）对象和一个

ServletResponse(响应)对象作为参数。service( )方法根据请求的类型调用相应的服务功能,默认的服务功能是调用与 HTTP 请求方法相应的 do 功能。例如,当客户通过 HTML 表单发出一个 HTTP GET 请求时,就调用 doGet( )方法;当客户发出的是一个 HTTP POST 请求时,就调用 doPost( )方法。

HttpServlet. service( )方法会检查请求的方法是否调用了适当的处理方法。通常不必覆盖 service( )方法,只需覆盖相应的 do 方法就可以了。

3. doGet( )方法

当一个客户通过 HTML 表单发出一个 HTTP GET 请求或直接请求一个 URL 时,doGet( )方法被调用。与 GET 请求相关的参数添加到 URL 的后面,并与这个请求一起发送。当不会修改服务器端的数据时,应该使用 doGet( )方法。

4. doPost( )方法

当一个客户通过 HTML 表单发出一个 HTTP POST 请求时,doPost( )方法被调用。与 POST 请求相关的参数作为一个单独的 HTTP 请求从浏览器发送到服务器。当需要修改服务器端的数据时,应该使用 doPost( )方法。

5. destroy( )方法

destroy( )方法仅执行一次,即在服务器停止且卸装 Servlet 时执行该方法。该方法将释放 Servlet 所占用的资源。典型的是将 Servlet 作为服务器进程的一部分来关闭。缺省的 destroy( )方法通常是符合要求的,但也可以覆盖它,典型的是管理服务器端资源。例如,如果 Servlet 在运行时会累计统计数据,则可以编写一个 destroy( )方法,该方法用于在未装入 Servlet 时将统计数字保存在文件中。另一个示例是关闭数据库连接。

当服务器卸装 Servlet 时,将在所有 service( )方法调用完成后,或在指定的时间间隔过后调用 destroy( )方法。一个 Servlet 在运行 service( )方法时可能会产生其他的线程,因此,请确认在调用 destroy( )方法时,这些线程已终止或完成。

3.1.4 Servlet3.0 新特性

Servlet 3.0 是 Servlet 规范的最新版本,使用也越来越广泛。Servlet 3.0 作为 JavaEE 6 规范体系中一员,随着 JavaEE 6 规范一起发布。该版本在前一版本的基础上提供了若干新特性用于简化 Web 应用的开发和部署。其中有几项特性的引入让开发者感到非常兴奋,同时也获得了 Java 社区的一片赞誉之声。

1. 异步处理支持

有了该特性,Servlet 线程不再需要一直阻塞,直到业务处理完毕才能再输出响应,最后才结束该 Servlet 线程。在接收到请求之后,Servlet 线程可以将耗时的操作委派给另一个线程来完成,自己在不生成响应的情况下返回至容器。针对业务处理较耗时的情况,这将大大减少服务器资源的占用,并且提高并发处理速度。

2. 新增的注解支持

该版本新增了若干注解,用于简化 Servlet、过滤器(Filter)和监听器(Listener)的声明,这使得 web. xml 部署描述文件从该版本开始不再是必选的了。

3. 可插性支持

熟悉 Struts 2 的开发者一定会对其通过插件的方式与包括 Spring 在内的各种常用框架的整合特性记忆犹新。将相应的插件封装成 JAR 包并放在类路径下，Struts 2 运行时便能自动加载这些插件。现在 Servlet 3.0 提供了类似的特性，开发者可以通过插件的方式很方便地扩充已有 Web 应用的功能，而不需要修改原有的应用。

3.2　Servlet 应用实例——注册

在本节将学习：
- Servlet 的执行过程；
- 建立配置 Servlet 完成简单的用户请求。

3.2.1　注册的业务逻辑和界面

下面来试着用 Servlet 来实现用户注册的功能。首先要有个注册画面 JSP，它用于输入用户注册的信息，如用户名、密码、性别等。然后将该页面提交给 Servlet 进行处理并输出这些注册信息到页面上，如图 3.3 和图 3.4 所示。

图 3.3　注册画面

注册画面 register. jsp 的代码如下：

```jsp
<% @ page language="java" contentType="text/html; charset=UTF-8"
    pageEncoding="UTF-8" %>
<html>
<head>
```

图 3.4   注册信息确认画面

```html
<title>Insert title here</title>
</head>
<body>
    <FORM action ="" method= "" >
      <TABLE>
        <tr>
          <td>用户名:</td>
          <td><INPUT type="text" name="username" ></td>
        </tr>
        <tr>
          <td>密      码:</td>
          <td><INPUT type="password" name="password" ></td>
        </tr>
        <tr>
          <td>性      别:</td>
          <td><INPUT type="radio" name="sex" value="男" checked>男
            <INPUT type="radio" name="sex" value="女"> 女</td>
        </tr>
        <tr>
          <td>说      明:</td>
          <td><TEXTAREA name="note" rows=3 cols=30></TEXTAREA></td>
        </tr>
        <tr>
          <td><INPUT TYPE="submit" value="提交" name="submit"></td>
```

```
    <td><INPUT TYPE="reset"  value="重置" name="reset"></td>
  </tr>
</TABLE>
</FORM>
</body>
```

注册画面的代码中，页面提交的地址和方式还没有进行配置，我们将在建立了 Servlet 类之后再来配置。

3.2.2　建立 Servlet 类和业务逻辑处理类

如果要实现 Servlet 接口，就必须全部实现里面的全部方法，然而里面的所有的方法并不是我们想要的，那这个时候，实现这个方法又有什么用呢？所以为了解决这个问题，一般不会去实现该接口，而是会去继承该类的实现类，这样只要实现我们想要的方法就行。

Sun 公司提供了通常用的实现类——Servlet 接口。Sun 公司定义了两个默认实现类，分别为：GenericServlet、HttpServlet。我们通常使用的是 HttpServlet。

HttpServlet 指能够处理 HTTP 请求的 Servlet，它在原有 Servlet 接口上添加了一些与 HTTP 协议处理方法，它比 Servlet 接口的功能更为强大。因此，开发人员在编写 Servlet 时，通常应继承这个类，而避免直接去实现 Servlet 接口。

HttpServlet 在实现 Servlet 接口时，覆写了 service 方法，该方法体内的代码会自动判断用户的请求方式，如为 GET 请求，则调用 HttpServlet 的 doGet 方法，如为 Post 请求，则调用 doPost 方法。因此，开发人员在编写 Servlet 时，通常只需要覆写 doGet 或 doPost 方法，而不要去覆写 service 方法。

我们可以手动的去建立 Servlet 类，继承 HttpServlet 并覆写 doGet、doPost 方法。但在 Eclipse 中，我们也可以用更简便的方法去建立 Servlet 类。在建立的工程的 src 路径下建立包"servlet"，包名上右击选择【new】→【Servlet】命令，如图 3.5 所示。

在打开的窗口【Create Servlet】中需要输入要创建的 servlet 的类名，这里输入"RegServlet"，然后单击【Next】按钮，如图 3.6 所示。

不需要任何操作，直接单击【Next】按钮，如图 3.7 所示。

在下一个画面的下方，选择需要生成的方法。一般来说只需要生成 doGet()，doPost() 方法，但当有特别需要，要覆写 init()，或者 destroy() 方法，则可将这些方法也选中，然后单击【Finish】按钮，如图 3.8 所示。

这样就能生成一个名叫 RegServlet 的类，下面是自动生成的代码：

```
package servlet;

import java.io.IOException;
import javax.servlet.ServletException;
import javax.servlet.http.HttpServlet;
import javax.servlet.http.HttpServletRequest;
import javax.servlet.http.HttpServletResponse;
```

图 3.5 建立 Servlet 类-1

图 3.6 建立 Servlet 类-2

图 3.7　建立 Servlet 类-3

图 3.8　建立 Servlet 类-4

```
public class RegServlet extends HttpServlet {
    private static final long serialVersionUID = 1L;
```

```
public RegServlet() {
  super();
}


 protected void doGet(HttpServletRequest request,HttpServle-
tResponse response) throws ServletException,IOException {

  }

 protected void doPost(HttpServletRequest request,HttpServle-
tResponse response) throws ServletException,IOException {
    }

}
```

我们看到这个类继承了 HttpServlet,并且类里有两个方法:

```
protected void doPost(HttpServletRequest request,HttpServletResponse
response);
protected void doGet(HttpServletRequest request,HttpServletResponse
response);
```

方法里写入想做的代码(业务逻辑),一个 Servlet 类就这样完成了。这里在 doPost()方法中调用 Register 类来完成业务逻辑处理。代码如下:

```
public void doPost(HttpServletRequest request,HttpServletResponse
response){
    try{
        Register register=new Register();
        response.setCharacterEncoding("UTF-8");
        register.execute(request,response.getWriter());
    }catch(Exception e){
        e.printStackTrace();
        System.out.println("执行出错了");
    }
}
```

Register 中的 execute 方法类用来完成具体的业务逻辑,处理注册信息的输出。register.java 的代码如下:

```
package reg;

import java.io.PrintWriter;
import java.io.UnsupportedEncodingException;
```

```
import javax.servlet.http.HttpServletRequest;

public class Register {
    private String username;
    private String password;
    private String sex;
    private String note;
    public void execute(HttpServletRequest request,PrintWriter out){

        try {
            request.setCharacterEncoding("UTF-8");
            username=request.getParameter("username");
            password=request.getParameter("password");
            sex=request.getParameter("sex");
            note=request.getParameter("note");
            //使用 out 对象输出所有信息到页面
            out.print("您输入的用户名:" + username + "<br>");
            out.print("您输入的密码:" + password + "<br>");
            out.print("您输入的性别:" + sex + "<br>");
            out.print("您输入的个人说明:" + note);
            out.print("<br>");
            out.print("<a href='./reg/register.jsp'>返回</a>");
        } catch (UnsupportedEncodingException e) {
            e.printStackTrace();
        }
    }
}
```

3.2.3 Servlet 的配置

由于客户端是通过 URL 地址访问 Web 服务器中的资源,所以 Servlet 程序若想被外界访问,必须把 servlet 程序映射到一个 URL 地址上,这个工作在 web.xml 文件中使用<servlet>元素和<servlet-mapping>元素完成。

<servlet>元素用于注册 Servlet,它包含有两个主要的子元素:<servlet-name>和<servlet-class>,分别用于设置 Servlet 的注册名称和 Servlet 的完整类名。一 个<servlet-mapping>元素用于映射一个已注册的 Servlet 的一个对外访问路径,它包含有两个子元 素:<servlet-name>和<url-pattern>,分别用于指定 Servlet 的注册名称和 Servlet 的对外访问路径。

在 web.xml 中加入的代码如下:

• 定义一个 Servlet

```
<servlet>
//servlet 的名字(自己命名,每个 servlet 取名唯一)
<servlet-name>RegServlet</servlet-name>
//Servlet 程序所在的地址(对应的包、类的名称)
<servlet-class>servlet.RegServlet</servlet-class>
</servlet>
```

• 给 Servlet 取别名

```
<servlet-mapping>
//servlet 的名字(与上面的 servlet 名字对应)
<servlet-name> RegServlet</servlet-name>
//具体的映射路径(别名,自己命名,每个 servlet 别名唯一),前面必须有一个' /'
<url-pattern>/RegServ</url-pattern>
</servlet-mapping>
```

注意:只要是 web.xml 文件修改,则必须重新启动服务器。

有了 Servlet 的配置,就需要把 register.jsp 文件里的表单提交地址进行设置。

```
<FORM action="RegServ" method= "post" >
```

这里 action 被提交到了"RegServ"。在配置文件 web.xml 中,我们找到映射路径为 "/RegServ" 的 Servlet 名字为"RegServlet",通过这个名字找到 Servlet 程序所在的地址为 "servlet.RegServlet"。由于页面提交方式(method)为"post",所以将调用 servlet.RegServlet 类的 doPost( )方法来处理注册的业务逻辑。

3.2.4　调试输出

调试输出的步骤为:

重启 Web 服务器(必须步骤);

在网页地址栏直接输入:

http://Web 服务器 IP 地址:端口号/应用程序名字/jsp 页面名,例如:

```
http://localhost:8080/test01/register.jsp
```

运行效果如图 3.5 所示,然后输入用户名、密码等,单击"提交"按钮,显示结果如图 3.6 所示。

3.2.5　Servlet 的执行过程

由上面的例子可以看出 Servlet 的执行过程如图 3.9 所示。

图 3.9 Servlet 的执行过程

3.3 过滤器(Filter)

在本节将学习：

- Servlet 过滤器的概念、作用与执行流程；
- Servlet 过滤器的实现。

3.3.1 过滤器简介

1. 过滤器的概念

过滤器提供过滤作用，也就是说按照一定的规则放走一部分东西，而留下另一部分东西。形象地说就像渔网，渔网有洞，比网洞大的鱼被渔网留在网里，而比网洞小的鱼则漏出渔网，从而起到了拦住大鱼，放掉小鱼的目的。

Java 中的过滤器(Filter)并不是一个标准的 Servlet，它不能处理用户请求，也不能对客户端生成响应，它只提供过滤作用。它主要用于对 HttpServletRequest 进行预处理，它们拦截请求和响应，拦截 request 之后，就可以进行查看，提取或以某种方式操作正在客户机和服务器之间交换的数据。也可以对 HttpServletResponse 进行后期处理，是个典型的处理链。一个 web.xml 文件中可以配置多个 Servlet 事件监听器过滤器，Web 服务器按照它们在 web.xml 文件中的配置顺序来加载这些过滤器。

过滤器是通常封装了一些功能的 Web 组件，这些功能虽然很重要，但是对于处理客户机请求或发送响应来说不是决定性的。典型的例子包括记录关于请求和响应的数据、处理安全协议、管理会话属性等。过滤器提供一种面向对象的模块化机制，用以将公共任务封装到可插入的组件中，这些组件通过一个配置文件来声明，并动态地处理。

Servlet 过滤器中结合了许多元素，从而使得过滤器成为独特、强大和模块化的 Web 组件。也就是说，Servlet 过滤器是：

- 声明式的：过滤器通过 Web 部署描述符(web.xml)中的 XML 标签来声明。这样允许添加和删除过滤器，而无需改动任何应用程序代码或 JSP 页面。
- 动态的：过滤器在运行时由 Servlet 容器调用来拦截和处理请求和响应。
- 灵活的：过滤器在 Web 处理环境中的应用很广泛，涵盖诸如日志记录和安全等许多最公共的辅助任务。过滤器还是灵活的,因为它们可用于对来自客户机的直接调用执行预处理和后期处理,以及处理在防火墙之后的 Web 组件之间调度的请求。最后,可以将过滤器链接起来以提供必需的功能。

- 模块化的:通过把应用程序处理逻辑封装到单个类文件中,过滤器从而定义了可容易地从请求/响应链中添加或删除的模块化单元。
- 可移植的:与 Java 平台的其他许多方面一样,Servlet 过滤器是跨平台和跨容器的,从而进一步支持了 Servler 过滤器的模块化和可重用本质。
- 可重用的:归功于过滤器实现类的模块化设计,以及声明式的过滤器配置方式,过滤器可以容易地跨越不同的项目和应用程序使用。
- 透明的:在请求/响应链中包括过滤器,这种设计是为了补充(而不是以任何方式替代)Servlet 或 JSP 页面提供的核心处理。因而,过滤器可以根据需要添加或删除,而不会破坏 Servlet 或 JSP 页面。

2. 过滤器的用途

过滤器到底是用来做什么的呢? 我们在前面学过了 Servlet,它可以用来处理用户请求。但是在用户具体的请求的业务功能的同时,系统有一些特殊的需求。例如,确认该用户是否有权限提交该请求,这就是权限管理。对于有的系统,所有的用户请求都必须验证用户是否有权限。这种验证往往是共通的,如果在每次请求中进行处理,不仅会产生大量的重复代码,工作量大,效率低,而且质量也无法保证。这时我们就可以用到过滤器(Filter)了。过滤器拦截用户请求,判断用户是否有权限来访问这个资源。有,则让它去访问,没有,就让它转到另外一个页面。这样通过过滤器就实现了授权管理。

当然过滤器不仅可以完成用户验证与权限管理,还有其他许多的用途。例如,验证用户提交的请求中有没有不合法的文字、字符;统计 Web 应用的访问量,访问的命中率以及报告;实现 Web 应用的日志处理功能;实现数据压缩功能;对传输的数据进行加密;实现 XML 文件的 XSLT 转换等。

一个用户请求,即一个 Servlet 可以有多个过滤器,以实现多个过滤逻辑。

3. 过滤器的内部结构

所有的 Servlet 过滤器都必须实现 javax. servlet. Filter 接口,并实现该接口中的 3 个方法。

(1)init(Filter Config filter Config)

Servlet 过滤器的初始化方法,Servlet 容器创建 Servlet 过滤器实例后将调用该方法。该方法将读取 web. xml 文件中 Servlet 过滤器的初始化参数。Init 方法在 Filter 生命周期中仅执行一次。

(2)doFilter(Servlet Request request,Servlet Response response,Filter Chain chain)

该方法完成实际的过滤操作,当客户端请求方法与过滤器设置匹配的 URL 时,Servlet 容器将先调用过滤器的 doFilter 方法,FilterChain 用户访问后续过滤器。

这里的 ServletRequest 和 ServletResponse 一般需要转换成具体的 Servlet 实现对应的对象,如:HttpServletRequest 和 HttpServletResponse。

每当调用一个过滤器(即每次请求与此过滤器相关的 Servlet 或 JSP 页面)时,就执行其 doFilter 方法。正是这个方法包含了大部分的过滤逻辑。

第一个参数为与传入请求有关的 ServletRequest。对于简单的过滤器,大多数过滤逻辑是基于这个对象的。如果处理 HTTP 请求,并且需要访问诸如 getHeader 或 getCookies 等在 ServletRequest 中无法得到的方法,就要把此对象构造成 HttpServletRequest。

第二个参数为 ServletResponse。除了在两个情形下要使用它以外,通常忽略这个参数。首先,如果希望完全阻塞对相关 Servlet 或 JSP 页面的访问。可调用 response.getWriter 并直接发送一个响应到客户机。其次,如果希望修改相关的 Servlet 或 JSP 页面的输出,可把响应包含在一个收集所有发送到它的输出的对象中。然后,在调用 Serlvet 或 JSP 页面后,过滤器可检查输出,如果合适就修改它,之后发送到客户机。

doFilter 的最后一个参数为 FilterChain 对象。对此对象调用 doFilter 以激活与 Servlet 或 JSP 页面相关的下一个过滤器。如果没有另一个相关的过滤器,则对 doFilter 的调用激活 Servlet 或 JSP 本身。

(3) destroy()

在 Web 容器卸载 Filter 对象之前被调用。该方法在 Filter 的生命周期中仅执行一次。在这个方法中,可以释放过滤器使用的资源。

大多数过滤器简单地为此方法提供一个空体,不过,可利用它来完成诸如关闭过滤器使用的文件或数据库连接池等清除任务。

4. 过滤器的执行流程

如图 3.10 所示,过滤器的处理过程是一个链式的过程(FilterChain),即多个过滤器组成一个链,依次处理。先处理第一个过滤器的 doFilter()方法中的 chain.doFilter()方法之前的内容,即图中左边大矩形中的"Code1"。之后通过 chain.doFilter()方法将控制权交给下一个过滤器,执行下一个过滤器的 doFilter()方法中的 chain.doFilter()方法之前的内容,即图中中间大矩形中的"Code1"。以此类推,最后交给 Servlet,执行 Servlet 的 service()方法。service()方法执行完以后,控制权再交回给最后一个过滤器,执行过滤器的 doFilter()方法中的 chain.doFilter()方法之后的内容,即图中右边大矩形中的"Code2",之后再回到倒数第二个过滤器,执行过滤器的 doFilter()方法中的 chain.doFilter()方法之后的内容。以此类推,最后返回客户端,在画面上显示请求结果。

图 3.10 过滤器的执行流程

其中,链式过滤过程中也可以直接给出响应,即返回客户端,而不是向后传递。

3.3.2 过滤器的实现与配置

下面用一个例子来学习如何配置过滤器,并验证一下过滤器的执行流程。我们建立两个过滤器类,并配置过滤器到 Servlet 上。

1. 建立 Filter 类

我们可以手动的去建立 Filter 类,实现 javax. servlet. Filter 接口,并实现该接口中的三个方法,但在 Eclipse 中,也可以用更简便的方法去建立 Filter 类。在建立的工程的 src 路径下建立包"filter",在包名上右击选择【New】→【Other】命令,如图 3.11 所示。

图 3.11　建立 Filter 类-1

在弹出的窗口中选择【Filter】,单击【Next】按钮,如图 3.12 所示。

在弹出的窗口中输入要建立的 Filter 类的名字,这里输入"MyFilter1",单击【Finish】按钮,如图 3.13 所示。

这样在我们的包 filter 下就自动生成了一个 Filter 名字叫 MyFilter1,代码如下:

```
package filter;


import java.io.IOException;
import javax.servlet.Filter;
import javax.servlet.FilterChain;
```

图 3.12　建立 Filter 类-2

图 3.13　建立 Filter 类-3

```
import javax.servlet.FilterConfig;
import javax.servlet.ServletException;
import javax.servlet.ServletRequest;
import javax.servlet.ServletResponse;
```

```
public class MyFilter1 implements Filter {

    public MyFilter1() {

    }

    public void destroy() {

    }

    public void doFilter(ServletRequest request,ServletResponse
response,FilterChain chain) throws IOException,ServletException {
        chain.doFilter(request,response);
    }

    public void init(FilterConfig fConfig) throws ServletException {

    }

}
```

这个类实现了 Filter 接口,并且自动生成了 destroy( )、doFilter( )、init( ) 3 个方法。我们重点关心 doFilter( ) 方法。自动生成的代码中包含了 chain. doFilter(request,response)。在这句话的前后我们可以加入过滤器需要的过滤逻辑代码。为了观察 Filter 的执行过程,加入下面的代码:

```
public void doFilter(ServletRequest request,ServletResponse
response,FilterChain chain) throws IOException,ServletException {

        System.out.println("MyFilter1 before chain.doFilter");

        chain.doFilter(request,response);

        System.out.println("MyFilter1 after chain.doFilter");
    }
```

使用上面的方法我们再建立一个过滤器类 MyFilter 2,代码如下:

```
package filter;

import java.io.IOException;
import javax.servlet.Filter;
```

```java
import javax.servlet.FilterChain;
import javax.servlet.FilterConfig;
import javax.servlet.ServletException;
import javax.servlet.ServletRequest;
import javax.servlet.ServletResponse;


public class MyFilter2 implements Filter {

    public MyFilter2() {

    }

    public void destroy() {

    }

    public void doFilter(ServletRequest request,ServletResponse
response,FilterChain chain) throws IOException,ServletException {

        System.out.println("MyFilter2 before chain.doFilter");

        chain.doFilter(request,response);

        System.out.println("MyFilter2 after chain.doFilter");
    }

        public void init(FilterConfig fConfig) throws
ServletException {

    }

}
```

2. 配置 Filter 类

当用上面的方法自动生成 Filter 类后,打开 web. xml 可以看到已经自动生成了过滤器的配置代码,只需要按照需要将代码稍作修改即可。配置一个 Filter 类只需要下面两段代码:

- 定义一个 Filter:

`<filter>`

```
        //Filter 的名字(自己命名,每个 Filter 取名唯一)
        <filter-name>MyFilter1</filter-name>
        //Filter 程序所在的地址(对应的包、类的名称)
        <filter-class>filter.MyFilter1</filter-class>
    </filter>
```

● Filter 映射路径:

```
<filter-mapping>
        //Filter 的名字(与上面的 Filter 名字对应)
        <filter-name>MyFilter1</filter-name>
        //具体的映射路径。'/*'表示匹配所有路径
        <url-pattern>/*</url-pattern>
</filter-mapping>
```

注意:只要是 web.xml 文件修改,则必须重新启动服务器。

上面的代码示例说明配置了一个过滤器,它的名字叫 MyFilter1,它的代码位置在 filter. MyFilter1。因为映射路径为所有路径,所以所有的用户请求都会被该拦截器拦截。

再将 MyFilter2 进行配置,代码如下:

```
<filter>
        <filter-name>MyFilter2</filter-name>
        <filter-class>filter.MyFilter2</filter-class>
    </filter>
    <filter-mapping>
        <filter-name>MyFilter2</filter-name>
        <url-pattern>/*</url-pattern>
    </filter-mapping>
```

3. 调试输出

调试输出的步骤为:

重启 Web 服务器(必须步骤);

访问注册页面,在网页地址栏直接输入:

http://localhost:8080/test01/register.jsp

运行之后,查看控制台,如图3.14所示。

注意:应用程序将按照在 web.xml 中过滤器的配置顺序进行调用。在这里先是调用 MyFilter1,再是 MyFilter2。

这里印证了前面讲的过滤器的执行流程,先处理第一个过滤器(MyFilter1)的 doFilter()方法中的 chain.doFilter()方法之前的内容,即输出了"MyFilter1 before chain.doFilter",再执行下一个过滤器(MyFilter2)的 doFilter()方法中的 chain.doFilter()方法之前的内容,即输出了"MyFilter2 before chain.doFilter"。由于这里只是请求一个 JSP 页面,并无 Servlet 的处理,所以没有执行 service()方法,之后控制权再交回给最后一个过滤器(MyFilter2),执行过滤器的 doFilter()方法中的 chain.doFilter()方法之后的内容,即输出了"MyFilter2 after chain.

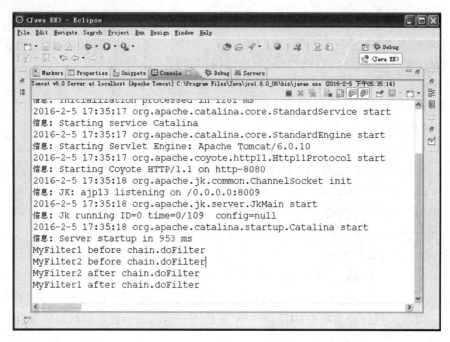

图 3.14　过滤器运行结果

doFilter",之后再回到倒数第二个过滤器（MyFilter1），执行过滤器的 doFilter( )方法中的 chain. doFilter( )方法之后的内容,即输出了"MyFilter1 after chain. doFilter"。

4. 配置过滤器到某个 Servlet

Filter 映射路径可以是一个 URL,如上面讲到的一样,但也可以为某些特定的 Servlet 配置过滤器。使用<servlet-name>标签,即将 Filter 的配置代码的第二段 Filter 映射路径代码改为:

```
<filter-mapping>
    //Filter 的名字
    <filter-name>MyFilter1</filter-name>
    //需要映射的 Servlet 的名字
    <servlet-name>RegServlet</servlet-name>
</filter-mapping>
```

RegServlet 是在 3.2 节配置的 Servlet,上面的代码配置了过滤器（MyFilter1）,将它映射到一个 Servlet（RegServlet）上。同样的,将 MyFilter2 也配置到 RegServlet 上:

```
<filter-mapping>
    <filter-name>MyFilter2</filter-name>
    <servlet-name>RegServlet</servlet-name>
</filter-mapping>
```

在业务逻辑处理的代码 Register. execute( )方法中加入一句话:

```
System.out.println("in servlet");
```

重启 Web 服务器后,访问注册页面,在网页地址栏直接输入:

http://localhost:8080/test01/register.jsp

输入适当的信息,单击【提交】按钮之后,查看控制台,如图 3.15 所示。

图 3.15　配置过滤器到某个 Servlet 上

控制台的输出验证了图 3.10 的过滤器的执行流程,先依次执行过滤器的前半的代码,之后执行 Servlet 的 service( )方法,最后反向执行过滤器的后半代码。

3.4　监听器

3.4.1　监听器概述

写过 AWT 或 Swing 程序的人一定对桌面程序的事件处理机制印象深刻:通过实现 Listener 接口的类可以在特定事件(Event)发生时,呼叫特定的方法来对事件进行响应。其实在编写 Servle 程序时,也有类似的事件处理机制。当某些特定对象发生某些特定的行为时,就能调用另外的特定对象的方法,对发生的特殊事件进行响应。也就是说专门有一些监听器类对一些特定的事件进行监控,一旦这些事件发生了,就会调用监听器类的特定方法进行处理。

编写 Servlet 监听器需要实现一个特定的监听器接口,并针对相应动作覆盖接口中的相应方法。和其他事件监听器略有不同的是,Servlet 监听器的注册不是直接注册在事件源上,而是由 Web 容器负责注册,开发人员只需在 web. xml 文件中使用标签配置好监听器,Web 容器就会自动把监听器注册到事件源中。

一个 web. xml 文件中可以配置多个 Servlet 事件监听器,Web 服务器按照它们在 web. xml 文件中的注册顺序来加载和注册这些 Serlvet 事件监听器。

3.4.2 监听器分类及介绍

在 Web 应用中,监听器主要监听 application、session 和 request 这 3 种对象所发生的特定事件,并进行特定的处理。

1. 与 session 对象有关的监听器

（1）HttpSessionListener

用于监听 Session 对象的创建和销毁。

实现接口:javax. servlet. http. HttpSessionListener。

方法:①sessionCreated( ):创建一个 Session 时,该方法将会被调用。

②sessionDestroyed( ):销毁一个 Session 时,该方法将会被调用。

（2）HttpSessionAttributeListener

用于监听 Session 对象属性的改变事件。包括:增加属性、删除属性、修改属性。

实现接口: javax. servlet. http. HttpSessionAttributeListener。

方法:①attributeAdded( ):在 session 中添加属性时,该方法将会被调用,也就是说调用 session. setAttribute( )这个方法时会触发的。

②attributeRemoved( ):删除 session 中属性时,该方法将会被调用,也就是说调用 session. removeAttribute( )这个方法时会触发的。

③attributeReplaced( ):在 session 属性被重新设置时,该方法将会被调用。

（3）HttpSessionActivationListener

用于监听 Session 对象的钝化、活化事件。活化(Activate)与钝化(Passivate)是 Web 容器为了更好地利用系统资源或者进行服务器负载平衡等原因而对特定对象采取的措施。会话对象的钝化是指暂时将会话对象通过对象序列化的方式存储到硬盘上,而会话对象活化与钝化相反,Web 容器把硬盘上存储的会话对象文件重新加载到 Web 容器中。

实现接口:javax. servlet. http. HttpSessionActivationListener。

方法:①sessionDidActivate( ):会话对象活化后由容器进行自动调用。

②sessionWillPassivate( ):会话对象钝化前由容器进行自动调用。

（4）HttpSessionBindingListener

该监听器不需要配置。

实现接口:javax. servlet. http. HttpSessionBindingListener。

方法:①valueBound( ):该监听器类的对象通过 session. setAttribute( )被绑定到 session 对象中时,该方法将会被调用。

②valueUnbound( ):该监听器类的对象通过 session. removeAttribute( )或者 session. invalidate( )方法或者 session 对象过期时,该方法将会被调用。

2. 与 application 对象有关的监听器

（1）ServletContextListener

用于监听 Web 应用启动和销毁的事件。

实现接口:javax. servlet. ServletContextListener。

方法:①contextInitialized():Web 容器中加载该应用时(如启动服务器),该方法将会被调用。

②contextDestroyed():Web 容器中移除该 Web 应用时(如关闭服务器),该方法将会被调用。

(2)ServletContextAttributeListener

用于监听 Web 应用属性改变的事件,包括:增加属性、删除属性、修改属性。

实现接口:javax. servlet. ServletContextAttributeListener。

方法:①attributeAdded():在 context 中添加属性时,该方法将会被调用,也就是说调用 context. setAttribute()这个方法时会触发的。

②attributeRemoved():删除 context 中属性时,该方法将会被调用,也就是说调用 context. removeAttribute()这个方法时会触发的。

③attributeReplaced():在 context 属性被重新设置时,该方法将会被调用。

3. 与 request 对象有关的监听器

(1)ServletRequestListener

用于监听 Web 应用启动和销毁的事件。

实现接口:javax. servlet. ServletContextListener。

方法:①requestInitialized():request 对象被创建时,该方法将会被调用。

②requestDestroyed():request 对象被销毁时,该方法将会被调用。

(2)ServletRequestAttributeListener

用于监听 request 对象属性改变的事件,包括:增加属性、删除属性、修改属性。

实现接口:javax. servlet. ServletRequestAttributeListener。

方法:①attributeAdded():在 request 中添加属性时,该方法将会被调用,也就是说调用 context. setAttribute()这个方法时会触发的。

②attributeRemoved():删除 context 中属性时,该方法将会被调用,也就是说调用 context. removeAttribute()这个方法时会触发的。

③attributeReplaced():在 context 属性被重新设置时,该方法将会被调用。

3.4.3 监听器应用实例

我们可以通过监听器实现统计网站在线人数的功能,其中用到的是 HttpSessionListener。当有一个用户去访问网站时,就会为该用户创建一个 session,这时就在一个变量上加1,当一个用户离开网站时,session 就会被销毁,这时再在这个变量上减1,这样就可以统计出当前网站的在线人数了。

1. 建立 Listener 类

可以手动的去建立 Listener 类,实现 HttpSessionListener 接口,并实现该接口中的 3 个方法,但在 Eclipse 中,我们也可以用更简便的方法去建立 Listener 类。在建立的工程的 src 路径下建立包"listener",在包名上右击选择【New】→【Other】命令,如图 3.16 所示。

在弹出的窗口中选择【Listener】,单击【Next】按钮,如图 3.17 所示。

图 3.16　建立 Listener 类-1

图 3.17　建立 Listener 类-2

　　在弹出的窗口中输入建立的 Filter 类的名字，这里输入"MyListener"，单击【Next】按钮，如图 3.18 所示。

　　在弹出的对话框中选择需要实现的接口，这里选择"javax. servlet. http. HttpSessionListener"，单击【Finish】按钮，如图 3.19 所示。

　　这样在我们的包 listener 下就自动生成了一个 Listener，名字叫 MyListener。在这个类当

图 3.18 建立 Listener 类-3

图 3.19 建立 Listener 类-4

中需要建立一个静态变量 onlineNumber,实现该变量的 set,get 方法。然后当一个 session 对象创建时,将该变量加 1,当一个 session 对象销毁时,将该变量减 1。该监听器类的完整代码如下:

```
package listener;
```

```java
import javax.servlet.http.HttpSessionEvent;
import javax.servlet.http.HttpSessionListener;

public class MyListener implements HttpSessionListener {
    private static long onlineNumber=0;

    public MyListener() {

    }

    public void sessionCreated(HttpSessionEvent arg0) {
        onlineNumber += 1;

    }

    public void sessionDestroyed(HttpSessionEvent arg0) {
        onlineNumber -= 1;
    }

    public static long getOnlineNumber() {
        return onlineNumber;
    }

    public static void setOnlineNumber(long onlineNumber) {
        MyListener.onlineNumber = onlineNumber;
    }
}
```

2. 配置 Listener 类

当用上面的方法自动生成 Listener 类后，打开 web. xml 可以看到已经自动生成了监听器的配置代码，它配置了一个监听器类的完整路径。代码如下：
```
<listener>
    <listener-class>listener.MyListener</listener-class>
</listener>
```
如果是手动生产的 Listener 类，请将该配置代码添加到 web. xml 中。

3. 实现页面 index. jsp，输出在线人数

在 WebContent 路径下建立 index. jsp 文件，文件中调用 MyListener 类的getOnlineNumber( )

方法,输出在线人数到页面。注意在该 JSP 文件中需要 import 我们建立的 MyListener 类。完整代码如下:

```
<%@ page language="java" contentType="text/html; charset=UTF-8"
    pageEncoding="UTF-8" import="listener.MyListener"%>
<html>
<head>
<title>Insert title here</title>
</head>
<body>
    当前在线人数为:<% =MyListener.getOnlineNumber() %>

</body>
```

4. 调试输出

调试输出步骤如下:

重启 Web 服务器(必须步骤);

访问注册页面,在网页地址栏直接输入:

http://localhost:8080/test01/index.jsp

运行之后,如图 3.20 所示。

图3.20　监听器实现统计网站在线人数

当我们再打开一个浏览器访问该页面,则会看到在线人数变成了 2 人。当关掉一个浏览器,可能有一定的延迟后,刷新另一个浏览器,在线人数就会变为1。这是因为我们监听了 Session 对象的创建和销毁事件。打开一个浏览器访问网站,就会发生 Session 对象的创建事件,静态变量便加1;而关闭一个浏览器,就会发生 Session 的销毁事件,静态变量便减1,从而达到计算在线人数的目的。

3.5 巩固与提高

1. 选择题

（1）部署 Servlet 时，web.xml 文件中<servlet>标签应该包含（　　　）标签。（选择两项）

    A. <servlet-mapping>　　　　　　　　　　　B. <servlet-name>

    C. <url-pattern>　　　　　　　　　　　　　D. <servlet-class>

（2）为了获得用户提交的表单参数，可以从（　　　）接口中得到。

    A. ServletResponse　　　　　　　　　　　　B. Servlet

    C. RequestDispatcher　　　　　　　　　　　D. ServletRequest

（3）（　　　）对象可以用于获得浏览器发送的请求。

    A. HttpServletRequest　　　　　　　　　　　B. HttpServletResponse

    C. HttpServlet　　　　　　　　　　　　　　D. Http

（4）以下不是 Filter 接口的方法的是（　　　）。

    A. init(FilterConfig config)

    B. void destroy( )

    C. void doFilter(HttpServletRequest requestHttpServletResponse response)

    D. void doFilter(ServletRequest request, ServletResponse response, FilterChain chain)

（5）在 Servlet 的生命周期中，容器只调用一次的方法是（　　　）。（选择两项）

    A. service　　　　　B. getServletConfig　　　　C. init　　　　D. destroy

（6）Servlet 在容器中经历的阶段，按顺序为（　　　）。

    A. 服务、加载、初始化、卸载、销毁

    B. 加载、初始化、服务、销毁、卸载

    C. 初始化、服务、销毁、加载、卸载

    D. 服务、卸载、加载、初始化、销毁

（7）HttpServlet 中，用来处理 get 请求的方法是（　　　）。

    A. doHead　　　　　B. doGet　　　　　　C. doPost　　　　D. doPut

（8）HTTP 缺省的请求方法是（　　　）。

    A. put　　　　　　　B. get　　　　　　　C. post　　　　　D. trace

（9）下面（　　　）标记与 Servlet 的配置无关。

    A. servlet-mapping　　B. servlet-class　　　C. url-pattern　　D. tag

（10）JSP 页面经过编译之后，将创建一个（　　　）。

    A. applet　　　　　　B. Servlet　　　　　C. application　　D. exe 文件

（11）在 Servlet 里，能正常获取 session 的语句是（　　　）。

    A. HttpSession session = request. getSession( )

    B. HttpSession session = request. getHttpSession(true)

    C. HttpSession session = response. getSession( );

    D. HttpSession session = response. getHttpSession(true)

（12）在 J2EE 中，编写 Servlet 过滤器时，（　　　）接口用于调用过滤器链中的下一个过滤器（选择一项）。

    A. Filter   B. FilterConfig   C. FilterChain   D. Servlet

（13）Servlet 中，HttpServletResponse 的（　　　）方法用来把一个 HTTP 请求重定向到另外的 URL。

    A. sendURL( )   B. redirectURL( )

    C. sendRedirect( )   D. redirectResponse( )

（14）在 Servlet 中，response. getWriter( ) 返回的是（　　　）。

    A. JspWriter 对象   B. PrintWriter 对象

    C. Out 对象   D. ResponseWriter 对象

（15）在访问 Servlet 时，在浏览器地址栏中输入的路径是在（　　　）地方配置的。

    A. <servlet-name/ >   B.

    C.   D.

（16）request 对象的（　　　）方法可以获取页面请求中一个表单组件对应多个值时的用户的请求数据。

    A. String getParameter(String name)

    B. String[ ] getParameter(String name)

    C. String getParameterValuses(String name)

    D. String[ ] getParameterValues(String name)

2. 填空题

（1）在使用 Servlet 过滤器时，需要在 web. xml 通过_____元素将过滤器映射到 Web 资源。

（2）在一个 Filter 中，处理 filter 业务的是_____方法。

3. 操作题

创建页面 msg. jsp（如图 3.21（a）所示），在页面中输入姓名"huang wu"后单击提交按钮，在另一页面 result. jsp 中显示如图 3.21（b）所示效果。

（a）输入界面msg.jsp   （b）显示结果界面result.jsp

图 3.21　创建页面

第四章 | 数据库编程

数据库,顾名思义,是存储数据的仓库,是在计算机存储设备上按一定格式存放的有组织的、可共享的数据集合。我们可以使用 Java 的 JDBC 技术实现对数据库中表记录的查询、修改和删除等操作。JDBC 技术在网页应用程序的开发中占有很重要的地位。

4.1 MySQL 数据库基本操作

在本节将学习:
- 使用 MySQL-Front 建立数据库与表;
- 对已建立的表和数据库进行导出与导入;
- 简单的 SQL 语言的各种命令、表连接及函数的使用。

4.1.1 数据库与表的建立、修改与导入导出

在第一章中我们已经学习了如何安装 MySQL 与 MySQL-Front,那么现在我们来学习如何在 MySQL-Front 中建数据库、表,对表进行操作以及对数据库和表进行导入、导出。

在连接 MySQL 数据库之前,要先保证 MySQL 服务处于启动状态。确认方法如下:右击【我的电脑】选择【管理】;在弹出的窗口左侧选择【服务】,在右侧窗口中找到【MySQL】选项,查看状态,如果是"已启动"状态即可,如果不是,则启动该服务,如图 4.1 所示。

图 4.1 MySQL 服务

确认服务为启动状态后即可打开 MySQL-Front,输入用户名、密码等信息登录 MySQL 数据库,如图 4.2 所示。

图 4.2 登录 MySQL-Front

①新建数据库:选择【数据库】→【新建】→【数据库】命令,如图 4.3 所示。

图 4.3 新建数据库

②新建表:在左侧窗口建好的数据库上右击,选择【新建】→【表格】命令,则可以在数据库中建表,如图 4.4 所示。

③增加字段:在建好的表上右击,选择【新建】→【字段】命令,则可以在表中增加字段,如图 4.5 所示。

在【添加字段】窗口中输入该字段的各种设置,单击【确定】按钮便可新增一个字段,如图 4.6 所示。

④查看字段信息:当表建好以后,在左侧窗口选中所建的表,在右侧窗口单击【对象浏览

图 4.4　在数据库中新建表

图 4.5　在表中增加字段

器】即可查看该表的字段信息，如图 4.7 所示。

　　⑤查看表的数据信息：在左侧窗口选中所建的表，在右侧窗口单击【数据浏览器】即可查看该表的数据信息，如图 4.8 所示。

　　⑥导出对象：在需要导出的数据库或者表上右击，在弹出菜单中选则【输出】命令，即可将该对象导出，如图 4.9 所示。

　　⑦导入文件：选择【文件】→【输入】命令，选择导入的文件，即可导入数据库或者表，如图 4.10 所示。

图 4.6　增加字段窗口

图 4.7　对象浏览器

图 4.8　数据浏览器

图 4.9　对象导出

图 4.10　对象导入

4.1.2　SQL 语言

　　SQL 是结构化查询语言（Structured Query Language）的简称，是一种有特殊目的的编程语言、数据库查询和程序设计语言，它用于存取数据以及查询、更新和管理关系数据库系统；同时也是数据库脚本文件的扩展名。

　　结构化查询语言是高级的非过程化编程语言，允许用户在高层数据结构上工作。它不要求用户指定对数据的存放方法，也不需要用户了解具体的数据存放方式，所以具有完全不同底层结构的不同数据库系统可以使用相同的结构化查询语言作为数据输入与管理的接口。结构化查询语言语句可以嵌套，这使它具有极大的灵活性和强大的功能。

　　1974 年，在 IBM 公司的圣约瑟研究实验室研制的大型关系数据库管理系统 SYSTEMR

中,使用 SEQUEL 语言(由 BOYCE 和 CHAMBERLIN 提出),后来在 SEQUEL 的基础上发展出 SQL 语言。SQL 语言是一种交互式查询语言,允许用户直接查询存储数据,但它不是完整的程序语言,它没有 DO 或 FOR 类似的循环语句,但它可以嵌入到另一种语言中,也可以借用 VB、C、JAVA 等语言,通过调用级接口(CALL LEVEL INTERFACE)直接发送到数据库管理系统。SQL 基本上是域关系演算,但可以实现关系代数操作。

1986 年 10 月,美国国家标准协会对 SQL 进行规范后,以此作为关系式数据库管理系统的标准语言(ANSI X3. 135-1986),1987 年得到国际标准组织的支持下成为国际标准。不过各种通行的数据库系统在其实践过程中都对 SQL 规范作了某些编改和扩充。所以,实际上不同数据库系统之间的 SQL 不能完全相互通用。

各种不同的数据库对 SQL 语言的支持与标准存在着细微的不同,这是因为有的产品的开发先于标准的公布,另外,各产品开发商为了达到特殊的性能或新的特性,需要对标准进行扩展。现在已有 100 多种遍布在从微机到大型机上的数据库产品 SQL,其中包括 DB2、SQL/DS、ORACLE、INGRES、SYBASE、SQLSERVER、DBASE Ⅳ、PARADOX、MICROSOFTACCESS 等。

SQL 语言基本上独立于数据库本身、使用的机器、网络、操作系统,基于 SQL 的 DBMS 产品可以运行在从个人机、工作站到基于局域网、小型机和大型机的各种计算机系统上,具有良好的可移植性。数据库和各种产品都使用 SQL 作为共同的数据存取语言和标准的接口,使不同数据库系统之间的相互操作有了共同的基础,进而实现异构机、各种操作环境的共享与移植。

1. SQL 语句的结构

结构化查询语言包含 6 个部分:

(1)数据查询语言(DQL:Data Query Language)

数据查询语言也称为"数据检索语句",用以从表中获得数据,确定数据怎样在应用程序中给出。保留字 SELECT 是 DQL(也是所有 SQL)用得最多的动词,其他 DQL 常用的保留字有 WHERE,ORDER BY,GROUP BY 和 HAVING。这些 DQL 保留字常与其他类型的 SQL 语句一起使用。

(2)数据操作语言(DML:Data Manipulation Language)

数据操作语言的语句包括动词 INSERT、UPDATE 和 DELETE。它们分别用于添加、修改和删除表中的行,也称为动作查询语言。

(3)事务处理语言(TPL)

事务处理语言的语句能确保被 DML 语句影响的表的所有行及时得以更新,它包括 BEGIN TRANSACTION、COMMIT 和 ROLLBACK。

(4)数据控制语言(DCL)

数据控制语言的语句通过 GRANT 或 REVOKE 获得许可,确定单个用户和用户组对数据库对象的访问。某些 RDBMS 可用 GRANT 或 REVOKE 控制对表单个列的访问。

(5)数据定义语言(DDL)

数据定义语言的语句包括动词 CREATE 和 DROP,在数据库中创建新表或删除表(CREAT TABLE 或 DROP TABLE),为表加入索引等。DDL 包括许多与数据库目录中获得数据有关的保留字,也是动作查询的一部分。

（6）指针控制语言（CCL）

指针控制语言的语句,如 DECLARE CURSOR,FETCH INTO 和 UPDATE WHERE CURRENT 用于对一个或多个表单独行的操作。

2. SQL 语言的特点

（1）一体化

SQL 集数据定义 DDL、数据操纵 DML 和数据控制 DCL 于一体,可以完成数据库中的全部工作。

（2）使用方式灵活

它具有两种使用方式,即可以直接以命令方式交互使用;也可以嵌入使用,嵌入到 C、C++、FORTRAN、COBOL、JAVA 等主语言中使用。

（3）非过程化

SQL 语言只提操作要求,不必描述操作步骤,也不需要导航。使用时只需要告诉计算机"做什么",而不需要告诉它"怎么做"。

（4）语言简洁、语法简单、好学好用

在 ANSI 标准中,SQL 语言只包含了 94 个英文单词,核心功能只用 6 个动词,语法接近英语口语。

3. SQL 数据查询语言

（1）SELECT

SELECT 最常用的方式是将资料从数据库中的表中选出。这里有两个关键字:从（FROM）、选出（SELECT）。由这里可以看到最基本的 SQL 架构:

SELECT "字段名" FROM "表名"

用以下的例子来看看实际上是怎么用的。

[例 4-1] 假设有以下这个 user 表。

表 4.1　user 表

id	name	password	sex	age	loginTime
1	Mary	123456	F	18	120
2	Jack	123456	M	19	36
3	Lucy	123456	F	20	78

若要选出所有的用户名字（name）,就输入:

SELECT name FROM user;

结果:

name
Mary
Jack
Lucy

一次可以读取好几个字段,也可以同时由好几个表中选取数据。如果想选择所有字段,可以用"＊"代替字段名。如:

SELECT ＊ FROM user;

(2)DISTINCT

SELECT 命令能够读取表中一个或数个字段的所有数据,但这将把所有的数据都取出,无论数据值有无重复。在数据处理中,我们会经常碰到需要找出表内的不同数据值的情况。换句话说,我们需要知道这个表/字段内有哪些不同的值,而每个值出现的次数并不重要。这要如何达成呢? 在 SQL 中,这是很容易做到的。只要在 SELECT 后加上一个 DISTINCT 就可以了。DISTINCT 的语法如下:

SELECT DISTINCT "字段名"

FROM "表名"

[例4-2]若要在上面的 user 表中,找出所有不同的性别(sex)时,应输入:

SELECT DISTINCT sex

FROM user

结果:

DISTINCT sex
F
M

(3)WHERE

我们并不一定每一次都要将表内的数据完全取出。在许多时候,我们会需要选择性地取数据。就上面的例子来说,可能只要取出登录次数(LoginTime)超过 100 次的数据。要做到这一点,就需要用到 WHERE 这个命令。这个命令的语法如下:

SELECT "字段名"

FROM "表名"

WHERE "条件"

[例4-3]若要从 user 表取出登录次数(LoginTime)超过 100 次的数据,应输入:

SELECT name

    FROM user

  WHERE loginTime > 100

结果:

Name
Mary

(4)AND OR

WHERE 命令可以被用来在表中有条件地选取数据。这个条件可能是简单的,也可能是复杂的。复杂条件是由两个或多个简单条件通过 AND 或是 OR 的连接而成。一个 SQL 语句中可以有无限多个简单条件的存在。AND 和 OR 连接两个条件,AND 表示两个条件都必须满足,翻译成中文则为"并且"的意思;OR 则表示两个条件只需满足其中一个,翻译成中文则为"或者"的意思。复杂条件的语法如下:

SELECT "字段名"

　　FROM "表名"

　　WHERE "简单条件" {[AND|OR] "简单条件"} +

{|}+代表{}之内的情况会发生一次或多次。在这里的意思就是 AND 加简单条件及 OR 加简单条件的情况可以发生一或多次。另外,可以用 ( ) 来代表条件的先后次序。

[例4-4] 若要在 user 表中选出所有登录次数大于 10 次,并且年龄大于 19 岁的用户的数据的话,应输入:

SELECT name

　　FROM user

　WHERE loginTimeSales > 10

　　and age > 19

结果:

Name
Lucy

[例4-5] 若要在 user 表中选出所有登录次数大于 10 次,或者年龄大于 18 岁的用户的数据的话,应输入:

SELECT name

　　FROM user

　WHERE loginTimeSales > 10

　　or age > 18

结果:

Name
Mary
Jack
Lucy

(5) LIKE

LIKE 是另一个在 WHERE 子句中会用到的命令。基本上,LIKE 能让我们依据一个模式(pattern)来找出需要的数据,也就是所谓的模糊查询。LIKE 的语法如下:

SELECT "字段名"

　　FROM "表名"

　WHERE "字段名" LIKE {模式}

以下是几个{模式}的例子:

● ' A_Z' :所有以 ' A' 起头,第二个字符为任何字符,且以 ' Z' 为结尾的字符串。例如:

'ABZ'和'A2Z'都符合这一个模式,而'AKKZ'并不符合（因为在 A 和 Z 之间有两个字符,而不是一个字符）。

 •'ABC%':所有以'ABC'开头的字符串。例如:'ABCD'和'ABCABC'都符合这个模式。

 •'%XYZ':所有以'XYZ'结尾的字符串。例如:'WXYZ'和'ZZXYZ'都符合这个模式。

 •'%AN%':所有含有'AN'这个模式的字符串。例如:'LOS ANGELES'和'SAN-FRANCISCO'都符合这个模式。

[**例**4-6]我们使用模糊查询,查询 user 表中,用户名（name）中以 y 结尾的用户名,应输入:

```
SELECT name
    FROM user
  WHERE name LIKE '%y'
```

结果:

Name
Mary
Lucy

(6)ORDER BY

到目前为止,我们已学到如何借由 SELECT 及 WHERE 这两个命令将数据由表中取出。不过我们尚未提到这些数据要如何排列。这其实是一个很重要的问题。事实上,我们经常需要能够将取出的数据做一个有系统的显示。这可能是由小往大(Ascending)或是由大往小(Descending)的显示。在这种情况下,就可以运用 ORDER BY 这个命令来达到目的。

ORDER BY 的语法如下:

```
SELECT "字段名"
FROM "表名"
[WHERE "条件"]
ORDER BY "字段名" [ASC,DESC]
```

[ ]代表 WHERE 子句不是一定需要的。不过,如果 WHERE 子句存在的话,它是在 ORDER BY 子句之前。ASC 代表结果会以由小往大的顺序列出,而 DESC 代表结果会以由大往小的顺序列出。如果两者皆没有被写出的话,那就会用 ASC。

我们可以按照几个不同的字段来排序。在这个情况下,ORDER BY 子句的语法如下（假设有两个字段）:

```
ORDER BY "字段一" [ASC,DESC],"字段二" [ASC,DESC]
```

若对这两个字段都选择由小往大的话,那这个子句就会造成结果是依据"字段一"由小往大排。若有好几笔数据"字段一"的值相等,那这几笔数据就依据"字段二"由小往大排。

[**例**4-7]表 4.2 是 employee 员工表,要求依照 age 年龄字段由小往大排序,依照 salary 工资字段由大往小排序。

表4.2　employee 表

id	name	sex	age	salary
1	Mary	F	18	1 000
2	Jack	M	19	2 000
3	Lucy	F	20	1 500
4	Tom	M	19	1 500
5	Jerry	M	20	3 000
6	Angel	M	19	2 500

就应输入：
```
SELECT id,name,sex,age,salary
  FROM employee
ORDER BY age,salary DESC
```
结果：

id	name	sex	age	salary
1	Mary	F	18	1 000
6	Angel	M	19	2 500
2	Jack	M	19	2 000
4	Tom	M	19	1 500
5	Jerry	M	20	3 000
3	Lucy	F	20	1 500

在上面的例子中,我们用字段名来指定排列顺序的依据。除了字段名外,也可以使用字段的顺序(依据 SQL 句中的顺序)。在 SELECT 后的第一个字段为1,第二个字段为2,以此类推。在上例中,用这句 SQL 语句可以达到完全一样的效果:
```
SELECT id,name,sex,age,salary
FROM employee
ORDER BY 4,5 DESC
```

4.聚合函数

对于数据库中以数字的形态存在的字段,聚合函数就能够对它们做一些运算,例如,将它们加起来,或是找出它们的平均值。SQL 有提供一些这一类的函数,它们是:SUM(总合)、COUNT(计数)、AVG(平均)、MAX(最大值)、MIN(最小值)。

除了聚合函数的运用外,SQL 也可以做简单的数学运算,如加(+)和减(-)。

运用函数的语法是:
```
SELECT "函数名"("字段名")
FROM "表名"
```

（1）SUM（总合）

SUM 函数是求和函数。

［**例** 4-8］下面的 employee 员工表，要求出薪资 salary 字段的总合。

表4.3　employee **表**

id	name	sex	age	salary
1	Mary	F	18	1 000
2	Jack	M	19	2 000
3	Lucy	F	20	1 500

应输入：

SELECT SUM（salary）FROM employee

结果：

SUM（salary）
4 500

4 500 代表 salary 字段所有记录的总合：1 000+2 000+1 500。

（2）COUNT（计数）

COUNT 使用广泛，它的功能是计数。COUNT 让我们能够数出在表中有多少笔数据被选出来。COUNT 函数后括号里的字段名并不重要，可以为表中的任何字段。

［**例** 4-9］要找出有多少员工，即表4.4 所示的 employee 员工表里有多少条数据。

表4.4　employee **表**

id	name	sex	age	salary
1	Mary	F	18	1 000
2	Jack	M	19	2 000
3	Lucy	F	20	1 500
4	Tom	M	19	2 000
5	Jerry	M	20	3 000
6	Angel	M	19	2 500

应输入：

SELECT COUNT（name）FROM employee

结果：

COUNT（name）
6

COUNT 语句中还可以加入 WHERE 条件,如要找出有多少女性员工的话,应输入:

SELECT COUNT(name) FROM employee WHERE sex = 'F'

结果:

COUNT(name)
2

（3）AVG(平均)

AVG 是求某字段的平均值。

[例 4-10]表 4.4 的 employee 员工表,要求所有员工的平均薪资 salary,应输入:

SELECT AVG(salary) FROM employee

结果:(1 000+2 000+1 500+2 000+3 000+2 500)/6 = 2 000。

AVG(salary)
2 000

同样的,AVG 语句中也可以加入 WHERE 条件,如要找出女性员工的平均薪资的话,应输入:

SELECT AVG(salary) FROM employee WHERE sex = 'F'

结果:(1 000+1 500)/2 = 1 250。

AVG(salary)
1 250

（4）MAX(最大值)

MAX 是求某字段在所有符合条件的记录中的最大值,如表 4.4 的 employee 员工表,如果想求所有员工中薪资 salary 最高的员工的工资是多少,应输入:

SELECT MAX(salary) FROM employee

结果:

MAX(salary)
3 000

同样的,MAX 语句中也可以加入 WHERE 条件。

[例 4-11]要找出女性员工的最高薪资的话,应输入:

SELECT MAX(salary) FROM employee WHERE sex = 'F'

结果:

AVG(salary)
1 500

（5）MIN（最小值）

MIN 是跟 MAX 相反的函数，是求某字段在所有符合条件的记录中的最小值，如表 4.4 的 employee 员工表，要求所有员工中薪资 salary 最低的员工的信息，应输入：

SELECT MIN(salary) FROM employee

结果：

MAX(salary)
1 000

同样的，MIN 语句中也可以加入 WHERE 条件。

[例 4-12]要求找出男性员工的最低薪资的话，应输入：

SELECT MIN(salary) FROM employee WHERE sex='M'

结果：

AVG(salary)
2 000

5. 文字处理函数

对于文字类的数据，SQL 文字处理方面的函数，如文字相连（concatenation）、文字修整（trim）、子字符串（substring）。但这些函数在各个不同厂商的数据库中的用法稍有不同。

（1）CONCATENATE

有的时候，我们需要将由不同字段获得的数据串联在一起。每一种数据库都有提供方法来达到这个目的，例如：

- MySQL：CONCAT( )；
- Oracle：CONCAT( )，||；
- SQL Server：+。

CONCAT( )的语法如下：

CONCAT(字符串 1，字符串 2，字符串 3，…)：将字符串 1、字符串 2、字符串 3 等字符串联在一起。请注意，Oracle 的 CONCAT( )只允许有两个参数；换言之，一次只能将两个字符串串联起来。不过，在 Oracle 中，可以用'||'来一次串联多个字符串。

[例 4-13]假设有表 4.5 所示的 user 表。

表 4.5　user 表

id	name	Password	sex	age
1	Mary	123456	F	18
2	Jack	123456	M	19
3	Lucy	123456	F	20

MySQL／Oracle：

```
SELECT CONCAT(name,sex)
    FROM user
  WHERE name = 'Mary';
```

Oracle：

```
SELECT name || sex
    FROM user
  WHERE name = 'Mary';
```

SQL Server：

```
SELECT name + sex
    FROM user
  WHERE name = 'Mary';
```

结果：

CONCAT(name,sex)
Mary F

（2）SUBSTRING

SUBSTRING 函数是用来取出一个字段数据中的其中一部分。这个函数的名称在不同的数据库中不完全一样，例如：

MySQL：SUBSTR()，SUBSTRING()；

Oracle：SUBSTR()；

SQL Server：SUBSTRING()。

最常用到的方式如下（在这里以 SUBSTR() 为例）：

SUBSTR(str,pos)：由<str>字符串中，选出所有从第<pos>位置开始的字符。注意，这个语法不适用于 SQL Server 上。

SUBSTR(str,pos,len)：由<str>中的第<pos>位置开始，选出接下去的<len>个字符。

[**例** 4-14]参照 user 用户表 4.5，取出名字的一部分。

```
SELECT SUBSTR(name,3)
FROM user;
```

结果：

SUBSTR(name,3)
ry
ck
cy

[**例** 4-15]参照 user 用户表 4.5，取名字的中间一部分。

```
SELECT SUBSTR(name,2,2)
FROM user;
```

结果:

SUBSTR(name,2,2)
ar
ac
uc

(3)TRIM

SQL 中的 TRIM 函数是用来移除掉一个字符串中的字头或字尾。最常见的用途是移除字首或字尾的空白。这个函数在不同的数据库中有不同的名称。例如:

MySQL:TRIM( ),RTRIM( ),LTRIM( );

Oracle:RTRIM( ),LTRIM( );

SQL Server:RTRIM( ),LTRIM( )。

各种 trim 函数的语法如下:

TRIM([[位置][要移除的字符串]FROM]字符串)

[位置]的可能值为 LEADING(起头),TRAILING(结尾),or BOTH(起头及结尾)。这个函数将把[要移除的字符串]从字符串的起头、结尾,或是起头及结尾移除。如果没有列出[要移除的字符串]是什么的话,那空白就会被移除。

LTRIM(字符串):将所有字符串起头的空白移除。

RTRIM(字符串):将所有字符串结尾的空白移除。

[例4-16]

```
SELECT TRIM(' Sample ');
```

结果:

' Sample'

[例4-17]

```
SELECT LTRIM(' Sample ');
```

结果:

' Sample '

[例4-18]

```
SELECT RTRIM(' Sample ');
```

结果:

' Sample'

6.SQL 其他数据查询语言

(1)GROUP BY

[例4-19]如果有一张 employee 员工表(见表4.6),我们可以用 SUM 这个命令来算出所

有员工的 salary（薪资）总和。但是如果这个表中有一个字的"dept"代表部门,我们的需求变成是要算出每一个部门(dept)员工的薪资(salary)总和,那怎么办呢? 在这个情况下,要做到两件事:第一,对于 dept 及 salary 这两个字段都要选出。第二,需要确认所有的 salary 都要依照各个对应的 dept 来分别计算。这个语法为:

```
SELECT "字段 1",SUM("字段 2")
    FROM "表名"
GROUP BY "字段 1"
```

表 4.6　employee 表

id	name	sex	age	dept	salary
1	Mary	F	18	sales	1 000
2	Jack	M	19	development	2 000
3	Lucy	F	20	financial	1 500
4	Tom	M	19	development	2 000
5	Jerry	M	20	development	3 000
6	Angel	M	19	financial	2 500

应输入:

```
SELECT dept,SUM(salary)
    FROM employee
GROUP BY dept
```

结果:

dept	SUM(salary)
sales	1 000
development	7 000
financial	4 000

当选不只一个字段,且其中至少一个字段有包含聚合函数的运用时,就需要用到 GROUP BY 这个命令。在这个情况下,必须要 GROUP BY 所有其他的字段。换句话说,除了有包括聚合函数的字段外,其他 select 将其放在 GROUP BY 的子句中。

[例 4-20]要求计算每一个部门(dept)的男女(sex)员工分别的薪资(salary)总和,应输入:

```
SELECT dept,sex,SUM(salary)
    FROM employee
GROUP BY dept,sex
```

结果:

dept	sex	SUM(salary)
sales	F	1 000
development	M	7 000
financial	F	1 500
financial	M	2 500

这个结果代表了销售部(sales)女性(F)员工薪资总和为1 000,没有男性员工;开发部(development)男性(M)员工薪资总和为7 000,没有女性员工;财务部(financial)女性(F)员工薪资总和为1 500,男性(M)员工薪资总和为2 500。

(2)HAVING

那如何对聚合函数产生的结果来设定条件呢? 举例来说,我们可能只需要知道哪些部门的平均薪资超过1 500。在这个情况下,不能使用 WHERE 的命令。SQL 有提供一个HAVING 命令,可以用这个命令来达到这个目标。HAVING 子句通常是在一个 SQL 句子的最后。一个含有 HAVING 子句的 SQL 并不一定要包含 GROUP BY 子句。HAVING 的语法如下:

SELECT "字段1",SUM("字段2")

FROM "表名"

GROUP BY "字段1"

HAVING (函数条件)

注意:如果被 SELECT 的只有函数栏,那就不需要 GROUP BY 子句。

[例4-21]表4.6 的 employee 员工表中,若我们要找出平均薪资(salary)大于1 500 的部门(dept),应输入:

SELECT dept,AVG(salary)

　　FROM employee

　　GROUP BY dept

　　HAVING AVG(salary) > 1 500

结果:

dept	AVG(salary)
development	2 333.33
financial	2 000

(3)ALIAS

接下来讨论 AL IAS(别名)在 SQL 上的用处。最常用到的别名有两种:字段别名及表别名。简单来说,字段别名的目的是为了让 SQL 产生的结果易读。在之前的例子中,每当有薪资总和时,字段名都是 SUM(salary)。虽然在这个情况下没有什么问题,可是如果这个字段不是一个简单的总和,而是一个复杂的计算,那字段名就没有这么易懂了。若用字段别名的话,就可以确认结果中的字段名是简单易懂的。第二种别名是表别名。要给一个表取一个别名,只要在 FROM 子句中的表名后空一格,然后再列出要用的表别名就可以了。这在要用 SQL 由数个不同的表中获取资料是很方便的。这一点在之后谈到连接(join)时会看到。

下面先来看一下字段别名和表别名的语法:

SELECT "表别名"."字段 1" "字段别名"

　　　FROM "表名" "表别名"

基本上,这两种别名都是放在它们要替代的物件后面,而它们中间由一个空白分开。

[例 4-22]以表 4.6 的 employee 表来说,我们用跟 GROUP BY 一样的例子。不同之处是加上了字段别名以及表别名。

SELECT A1.dept department,AVG(A1.salary) average_salary

　　　FROM employee A1

　　　GROUP BY A1.dept

　　　HAVING AVG(A1.salary) > 1 500

结果:

department	average_salary
development	2 333.33
financial	2 000

在结果中,数据本身没有不同,不同的是字段的标题,这是运用字段别名的结果。在第二个字段上,原本我们的标题是"AVG(salary)",而现在我们有一个很清楚的"average_salary"。很明显地,"average_salary"能够比"AVG(salary)"更精确地阐述这个字段的含意。

7. 表连接

（1）内连接

下面介绍连接(join)的概念。要了解连接,就需要用到许多我们之前已介绍过的命令。

[例 4-23]先假设有以下的两个表,employee 员工表、dept 部门表,见表 4.7 和表 4.8。

表 4.7　employee 表

id	name	dept_id	salary
1	A	10	100
2	B	10	200
3	C	10	300
4	D	20	400
5	E	50	500

表4.8 dept 表

dept_id	dept_name
10	Financial
20	Development
30	Sales
40	Market

在上面的 employee 员工表中，有字段"dept_id"，这个字段虽然代表部门，但是在数据中只有这个部门的编号，而部门名称却需要在"dept"部门表中查找。也就是说，要想知道"A"属于哪个部门就需要在"employee"员工表中，先找到"A"的部门编号"10"。再通过"dept"部门表，查到该部门的名称为"Financial"（财务部）。

所以我们需要将这两个不同表中的数据串联起来。它们是经由一个相同意义的字段"部门编号"连接起来的，这个字段在 employee 员工表和 dept 部门表中都叫"dept_id"。我们先将 SQL 句列出，之后再讨论每一个子句的意义：

```
SELECT A1.name employee_name,A2.dept_name department
    FROM employee A1,
        dept     A2
WHERE A1.dept_id = A2.dept_id
```
结果：

employee_name	department
A	financial
B	financial
C	financial
D	development

在第一行中，我们告诉 SQL 应选出两个字段：第一个字段是 employee 表中的 name 字段（别名为 employee_name）；第二个字段是 dept 表中的 dept_name 字段（别名为 department）。注意，在这里有用到表别名，employee 表的别名是 A1，dept 表的别名是 A2。若没有用表别名的话，第一行就会变成：

```
SELECT employee.name employee_name,dept.dept_name departmen
```
很明显地，这就复杂多了。在这里我们可以看到表别名的功用：它能让 SQL 语句容易被了解，尤其是这个 SQL 语句涵盖好几个不同的表时。

接下来看第三行，就是 WHERE 子句，这是阐述连接条件的地方。在这里，我们要确认 employee 表 dept_id 字段的值与 dept 表中 dept_id 字段的值是相等的。这个 WHERE 子句是一个连接的关键，因为它的角色是确定两个表之间的连接是正确的。

其实这样的连接又称内连接，内连接返回表中符合连接条件和查询条件的数据行，从结果表中删除与其他被连接表中没有匹配行的所有行，所以内连接可能会丢失信息。如上例中"E"的 dept 部门编号为"50"，而在 dept 部门表中，没有 dept_id 部门编号为"50"的记录，所以结果集中没有出现"E"。而编号为"40"的"market"部门在 employee 员工表中也没有对应的记录，所以部门"market"也没有出现在结果集中。

上面的内连接的 SQL 语句的写法等同于下面的写法，结果完全一致。

```
SELECT A1.name employee_name,A2.dept_name department
    FROM employee A1 INNER JOIN
        dept      A2
        ON A1.dept_id = A2.dept_id
```

这种写法将 FROM 语句的两个表间的逗号变成了关键字"INNER JOIN"，将"WHERE"关键字变成了"ON"。关键字"INNER JOIN"，其意义就是"内连接"，所以该写法又被称为显示内连接。相对应的，前面的不带关键字"INNER JOIN"的写法被称为隐式内连接。

（2）左外连接

上面讨论了内连接可能会丢失信息，所以当不希望有丢失信息的情况出现的话，就需要用到外连接。而外连接分为左右两种。下面先来看左外连接。

左外连接的关键字是"LEFT OUTER JOIN"。

[例4-24]表4.7 所示的 employee 员工表和表4.8 所示的 dept 部门表进行左外连接，看下面的"from"子句。

```
FROM employee A1 LEFT OUTER JOIN dept A2
```

写在关键字"LEFT OUTER JOIN"左边的称为左表，写在右边的称为右表。将 SQL 语句写完整为：

```
SELECT A1.name employee_name,A2.dept_name department
    FROM employee A1 LEFT OUTER JOIN dept A2
        ON A1.dept_id = A2.dept_id
```

结果：

employee_name	department
A	financial
B	financial
C	financial
D	development
E	

从上面结果可以看出与内连接不同的是，左外连接多了一条记录。左外连接与内连接的不同在于：左外连接会将左表（关键字"LEFT OUTER JOIN"左边的表）里的所有记录选出，而不管这条记录在右表里是否能找到符合连接条件的记录。如上面结果所示，左表 employee 员工表的记录中"E"的部门编号"50"在 dept 部门表中找不到符合连接条件的记录，但它还是被放到了结果集中，只是因为找不到对应的记录，所以返回的结果集里 department 部门名为 NULL。

（3）右外连接

右外连接的关键字是"RIGHT OUTER JOIN"，它与左外连接相对。右外连接会将右表（关键字"RIGHT OUTER JOIN"右边的表）里的所有记录选出，而不管这条记录在左表里是否能找到符合连接条件的记录。

[**例**4-25]将表4.7所示的employee员工表和表4.8所示的dept部门表进行右外连接。

```
SELECT A1.name employee_name,A2.dept_name department
    FROM employee A1 RIGHT OUTER JOIN dept A2
      ON A1.dept_id = A2.dept_id
```

结果：

employee_name	department
A	financial
B	financial
C	financial
D	development
	sales

如上面结果所示，右表dept部门表的记录中"sales"的部门编号"30"在employee员工表中找不到符合连接条件的记录，但它还是被放到了结果集中，只是因为找不到对应的记录，所以返回的结果集里employee员工名为NULL。

（4）全外连接

全外连接的关键字是"FULL OUTER JOIN"，它是左右外连接的结合。左表里的所有记录会被选出，而不管这条记录在右表里是否能找到符合连接条件的记录。右表里的所有记录也会被选出，而不管这条记录在左表里是否能找到符合连接条件的记录。

[**例**4-26]将表4.7所示的employee员工表和表4.8所示的dept部门表进行全外连接。

```
SELECT A1.name employee_name,A2.dept_name department
    FROM employee A1 FULL OUTER JOIN dept A2
      ON A1.dept_id = A2.dept_id
```

结果：

employee_name	department
A	financial
B	financial
C	financial
D	development
E	
	sales

注意：Mysql 不支持全外连接。但是可以用多个左连接来实现。

（5）笛卡尔连接

笛卡尔连接是指在 SQL 语句中没有写出表连接的条件或者表的连接条件不能约束两个表的连接，于是把第一个表的每一条记录和第二个表的所有记录相连接。如果第一个表的记录数为 m，第二个表的记录数为 n，则会产生 m * n 条记录数。

[例 4-27]将表 4.9 所示的 employee 表与表 4.10 所示的 dept 表进行笛卡尔连接，将会得到 3 * 2 = 6 条结果。

表 4.9 employee 表

id	name	dept_id	salary
1	A	10	100
2	B	10	200
3	C	10	300

表 4.10 dept 表

dept_id	dept_name
10	Financial
20	Development

```
SELECT A1.*,A2.*
    FROM employee A1 JOIN dept A2
```

结果：

id	name	dept_id	salary	dept_id	dept_name
1	A	10	100	10	financial
1	A	10	100	20	development
2	B	10	200	10	financial
2	B	10	200	20	development
3	C	10	300	10	financial
3	C	10	300	20	development

8. SQL 数据操作语言

（1）INSERT INTO

到目前为止，我们学到了将如何把数据由表中取出，但是这些数据是如果进入这些表的呢？这就是现在要讨论的。

基本上，有两种作法可以将数据输入表中。语法如下：

```
INSERT INTO "表名"("字段1","字段2",…)
       VALUES("值1","值2",…),
```

　　　　　　　　　("值1","值2",…),
　　　　　　　　　("值1","值2",…)

　　其中,每一条数据用括号括起来,每条数据之间用逗号隔开。

　　[例4-28] 有 employee 员工表,有 4 个字段:id,name,dept_id,salary。如果公司新入职了一些员工,那么就需要在 employee 员工表中新加入数据。输入以下的 SQL 语句:

```
INSERT INTO employee
VALUES (1,'mary',10,1 000),
       (2,'jack',20,1 500),
       (3,'sandy',10,2 000)
```

查看 employee 员工表:

id	name	dept_id	salary
1	mary	10	1 000
2	jack	20	1 500
3	sandy	10	2 000

　　在上面的 SQL 语句中,表名后面并没有字段名,这时就要求"VALUES"关键字后添加的数据的字段个数与顺序必须按照表定义的字段的数量和顺序。employee 员工表中有 4 个字段,所以添加的 3 条记录,每条都要有 4 个数据,并且按照顺序,第一个数据是 id 字段,第二个数据是 name 字段,第三个数据是 dept_id 字段,第四个数据是 salary 字段。

　　当然也可以插入部分字段,只要插入数据的字段数量和顺序与表名后面的字段的数量和顺序一致就好。

```
INSERT INTO employee(id,name)
VALUES (4,'lucy'),
       (5,'tom')
```

查看 employee 员工表:

id	name	dept_id	salary
1	mary	10	1 000
2	jack	20	1 500
3	sandy	10	2 000
4	lucy		
5	tom		

　　还有一种 INSERT INTO 能够让我们一次输入多笔的数据。跟上面的例子不同的是,现在要用 SELECT 命令来指明要输入表的数据,也就是说数据是从另一个表来的。一次输入多笔的数据的语法是:

```
INSERT INTO "表1" ("字段1","字段2",…)
    SELECT "字段3","字段4",…
```

FROM "表2"

以上的语法是最基本的。这整句 SQL 也可以含有 WHERE、GROUP BY 及 HAVING 等子句,以及表的内外连接及别名等。

举例来说,如果我们有一张实习员工 trainee 表,见表 4.11,当实习结束,考核成绩合格就可以录取为正式员工(evaluation 字段为"ok")。我们就可以将 trainee 实习员工表的数据加入到 employee 员工表中。

表 4.11　trainee 表

id	name	dept_id	salary	evaluation
1	tom	10	1 000	ok
2	jimmy	20	800	ng
3	harry	20	800	ok

```
INSERT INTO employee(name,dept_id,salary)
    SELECT name,dept_id,salary
      FROM trainee
    WHERE evaluation = 'ok'
```

查看 employee 员工表:

id	name	dept_id	salary
6	tom	10	1 000
7	harry	20	800

（2）UPDATE

有时候可能会需要修改表中的数据,在这个时候,就需要用到 UPDATE 命令。这个命令的语法是:

```
UPDATE "表名"
    SET "字段1" = ［新值］
  WHERE {条件}
```

［例 4-29］假设有表 4.12 所示的 employee 员工表。

表 4.12　employee 表

id	name	dept_id	salary
1	mary	10	1 000
2	jack	20	1 500
3	sandy	10	2 000

如果 id 为 3 的员工工作能力强需要加薪 500,用以下的 SQL 来修改那一笔数据:

```
UPDATE employee
    SET salary = salary + 500
```

WHERE id = 3

现在表的内容变成：

id	name	dept_id	salary
1	mary	10	1 000
2	jack	20	1 500
3	sandy	10	2 500

在这个例子中，只有一条数据符合 WHERE 子句中的条件。如果有多条数据符合条件的话，每一条符合条件的数据都会被修改的。

也可以同时修改好几个字段，语法如下：

UPDATE "表名"

    SET "字段1" = [值1],"字段2" = [值2]

  WHERE {条件}

（3）DELETE FROM

在某些情况下，我们会需要从数据库中删除一些数据。就可以用 DELETE FROM 语句来达成。它的语法是：

DELETE FROM "表名"

WHERE {条件}

[例4-30]以表4.12employee 员工表为例，要求将离职的员工去除，在这里可以用以下的 SQL 来达到这个目的：

DELETE FROM employee

    WHERE id = 3

现在表的内容变成：

id	name	dept_id	salary
1	mary	10	1 000
2	jack	20	1 500

4.2 数据库编程基础

在本节将学习：

● JDBC 基本概念；

● 数据库编程；

● 数据库查询返回值 ResultSet 类对象的使用。

4.2.1 JDBC 简介

我们说的使用Java 语言连接数据库是通过使用一个开放的数据库编程接口（JDBC，Java

DataBase Connectivity）来实现的。

1. 早期的数据库编程（没有开放的数据库编程接口的情形）

开发者在连接数据库的时候必须要针对不同数据库写不同的代码来实现数据库的连接，这使得开发者要花很多功夫在数据库连接的实现上，并迫使开发者不但要掌握编程语言，还要知道数据库底层的细节。这样做的缺点是：

①程序代码复杂，开发周期长，可读性差，重用性差；

②程序调试复杂，往往需要开发者和数据库提供商共同调试。

为了解决数据库编程问题，开放式数据库编程接口——ODBC（Open DataBase Connectivity）应运而生。

该接口进行的两大规范：

①针对数据库提供商：统一了数据库编程函数（函数名、函数参数），要求数据库提供商提供数据库编程的具体实现（数据库驱动程序）；

②针对开发者：要求调用统一的函数进行编程，无需知道函数的具体实现细节。

2. JDBC

在 Java 语言产生之后，为了让 Java 使用 ODBC 技术来连接数据库，开发者使用 Java 语言重新定义了 ODBC 接口，也就行成了现在的 JDBC。由于接口是针对开发者和数据库提供商的，开发者定义了 JDBC，数据库提供商也要重新提供基于 Java 语言的数据库实现（也就是驱动程序），如图 4.11 所示。

图 4.11　JDBC 实现数据库访问

也就是说，JDBC 就是 Java 语言用于数据库连接的程序接口（API）。简单地说，JDBC 能完成三件事：

①与一个数据库建立连接；

②向数据库发送 SQL 语句；

③处理数据库返回的结果。

3. JDBC 接口及驱动程序

可能有同学还是不理解 JDBC 程序接口到底是什么。举个例子，如果李飞是某家商务公司的老板，他跟很多家国外公司做生意。如果他跟英国人谈生意，那么他要先去学习英文；跟德国人谈生意，需要先学习德文；如果跟日本人谈生意，又要先学习日文。这就跟没有 JDBC 程序接口以前，开发者在连接数据库的时候必须要针对不同数据库写不同的代码来实现连接是一样的，使用 Oracle 数据库时要去了解 Oracle 的底层细节，并编写专门的代码，使用 MySQL 数据库时要去了解 MySQL 的底层细节,并编写专门的代码。这样做既痛苦,效率也低。

那么如何解决这一问题呢? 李飞想到了可以使用翻译 APP 来解决这一问题,他不需要会各国语言,使用翻译 APP,只需要会中文即可解决。这个翻译 APP 就好比 JDBC 接口。但是翻译 APP 需要在使用德语时,下载德语语言包,使用日语时下载日语语言包,才能够完成翻译任务。同样的,JDBC 接口为了完成跟各种数据库的连接需要各个数据库的驱动。

这些数据库的 JDBC 驱动程序一般都是数据库厂商开发的,但是有些数据库厂商没有为它的数据库开发相应的 JDBC 驱程,所以要使用第三方公司开发的驱动程序。本书主要介绍 MySQL 数据库的 JDBC 驱动以及操作方法。一些主要的数据库相应的 JDBC 驱动下载地址和相应的操作方法请参照书后附录 A。

4.2.2 JDBC 连接数据库编程

参与建立一个 JDBC 应用程序,需要按 6 个步骤进行。

1. 导入包

这需要软件包包含了数据库编程所需的 JDBC 类。大多数情况下,使用 import java. sql. * 就足够了,如下所示:

```
import java.sql.*;
```

2. 加载数据库驱动程序(使用 class 类的静态方法 forName 加载)

格式:Class. forName("数据库驱动名称");

不同的数据库需要加载不同的驱动,如图 4.12 所示。

图 4.12 数据库驱动的加载

• 装载 Oracle JDBC 驱动:

```
Class.forName("oracle.jdbc.driver.OracleDriver");
```

• 装载 MS SQLServer 驱动:

```
Class.forName("com.mircosoft.jdbc.sqlserver.SQLServerDriver");
```

• 装载 MY SQL 驱动:

```
Class.forName("com.mysql.jdbc.Driver");
```

注意:括号里的参数是以上固定的字符串,特别注意大小写,一定要按照规定编写。

3. 建立数据库连接

使用 DriverManager 类的 getConnection 方法来获得一个数据库连接对象(也就是这个方法返回一个 Connection 类的对象)，当对象成功获得时，表示数据库连接成功。

连接命令格式：

```
Connection conn =DriverManager.getConnection(url,login,password)
```

getConnection 方法说明：

- url 参数：指数据库连接的地址，字符串形式。一般格式如下：

"协议:子协议:子名:// 数据库服务器地址"

url 参数例子(连接 MY SQL，数据库名为 testdb)：

```
jdbc:mysql://127.0.0.1/testdb
jdbc:mysql://localhost:3306/testdb
jdbc:mysql://localhost:3306/testdb? characterEncoding=utf-8"
```

若希望中文字符能存入数据库中而不出现乱码，则在连接 URL 的最后加入参数 characterEncoding=utf-8，参数的前面用问号"?"连接。

注意：localhost 与 127.0.0.1 都指的是本地数据库，3306 是数据库端口号，是我们在安装数据库时确定的。若连接的数据库厂商不变，URL 前面部分是固定的，我们只需要关心 IP 地址、端口号和数据库名就行了。

- login 参数：字符串形式，数据库登录用户名。
- password 参数：字符串形式，数据库登录密码。
- 返回值：生成一个 Connection 类的对象，对象建立成功(不为空)表示连接成功，而且，Java 数据库编程的后续步骤也从它开始。

4. 创建一个执行 SQL 语句所需的类的对象

当第二步创建的连接对象 Connection 创建好后，调用该对象的 createStatement 方法创建一个执行 SQL 语句的 Statement 类的对象 statement，命令格式如下：

```
Statement statement = conn.createStatement();
```

5. 执行 SQL 语句进行数据库操作

①查询操作：调用上一步生成的 statement 对象的 executeQuery 方法，命令格式为：

```
ResultSet rs =statement.executeQuery(sql 语句);
```

- 返回值 rs 是 ResultSet 类的对象，是用来存放查询结果(可能是多条记录)的集合对象。我们将在下一节对 ResultSet 类的使用进行详细的讲解。
- SQL 语句：字符串形式的查询 SQL 语句。

②数据库增加、删除、更新操作：调用 statement 对象的 executeUpdate 方法，格式为：

```
statement.executeUpdate(sql 语句);
```

- 返回值为整型，表示 SQL 语句执行影响到的记录条数，若小于等于零表示执行失败。
- SQL 语句：进行增加、删除、更新操作的 SQL 语句。

6. 关闭数据库连接

调用 connection. close()；关闭数据库连接。

4.2.3　数据库查询返回值 ResultSet 类对象的使用

结果集(ResultSet)是数据中查询结果返回的一种对象,可以说结果集是一个存储查询结果的对象,但是结果集并不仅仅具有存储的功能,同时还具有操纵数据的功能,可能完成对数据的更新等。

在上一节中我们讲述了进行数据库查询操作使用的 executeQuery 方法,它执行后返回的就是一个结果集(ResultSet)的对象。

```
ResultSet rs=statement.executeQuery(sql 语句);
```

例如,数据库中有表 userinfo,数据如图 4.13 所示。

userId	userName	sex	age	work	hobby
1	mary	0	18	teacher	sports
2	jack	1	19	worker	movie
3	lucy	0	20	doctor	music
4	lily	0	21	student	game
5	mike	1	22	lawyer	TV
6	harry	1	23	farmer	singing

图 4.13　数据库表 user info

执行代码:

```
ResultSet rs = statement.executeQuery ( " select  *  from  userinfo
where sex=0");
```

也就是要找出性别 sex 为 0 的记录,那么根据 SQL 语句应该得到 3 条记录,结果如图 4.14所示。

1	mary	0	18	teacher	sports
3	lucy	0	20	doctor	music
4	lily	0	21	student	game

图 4.14　查询结果

ResultSet 对象具有指向其当前数据行的指针。最初,指针被置于第一行之前。也就是说没有指向任何记录,如图 4.15 所示。

图 4.15　ResultSet 指针最初状态

next()方法将指针移动到下一行;第一次使用 next()方法将会使数据库指针定位到记录集的第一行,第二次使用 next()方法将会使数据库游标定位到记录集的第二行,以此类推。如果下一行有数据,则 next()方法返回 true,反之 next()方法返回 false。执行如下代码,则 ResultSet 指针将指向第一条记录,并且 flag 的值为 true,如图 4.16 所示。

```
ResultSet rs = statement.executeQuery ( "select  *  from  userinfo
```

```
where sex=0");
    Boolean flag=rs.next();
```

图 4.16　执行一次 next（）方法后指针的状态

当指针指向某一条记录了以后，如何读取该记录中的数据呢？读取数据的方法主要是 getXXX（）（如：getBoolean、getLong 等），它的参数可以是整型表示第几列（是从 1 开始的），还可以是列名。返回的是对应的 XXX 类型的值。如果对应那列是空值，XXX 是对象的话返回 XXX 型的空值，如果 XXX 是数字类型，如 Float 等则返回 0，boolean 返回 false。

使用 getString（）可以返回所有的列的值，不过返回的都是字符串类型的。XXX 可以代表的类型有：基本的数据类型如整型（int）、布尔型（Boolean）、浮点型（Float，Double）等，比特型（byte），还包括一些特殊的类型，如日期类型（java. sql. Date）、时间类型（java. sql. Time）、时间戳类型（java. sql. Timestamp）、大数型（BigDecimal 和 BigInteger）等。所有的 getXXX 方法都是对当前行进行操作。

［例 4-31］例如有下列操作：

```
ResultSet rs = statement. executeQuery（"select * from userinfo
where sex=0"）;


//取第一条记录里的数据
Boolean flag1=rs.next();
String s1_1 = rs.getString(1);
int i1_1 = rs.getInt(1);
String s1_2 = rs.getString(2);
String s1_3 = rs.getString(3);
String s1_4 = rs.getString(4);
String s1_5 = rs.getString(5);
String s1_6 = rs.getString(6);


//取第二条记录里的数据
Boolean flag2=rs.next();
String s2_1 = rs.getString(1);
String s2_2 = rs.getString(2);
String s2_3 = rs.getString(3);
String s2_4 = rs.getString(4);
String s2_5 = rs.getString(5);
```

```
String s2_6 = rs.getString(6);
```

//第三条记录
```
Boolean flag3=rs.next();
```

//第四条记录
```
Boolean flag4=rs.next();
```

//输出第一条记录
```
System.out.println("flag1:" + flag1);
System.out.println("s1_1:" + s1_1);
System.out.println("i1_1:" + i1_1);
System.out.println("s1_2:" + s1_2);
System.out.println("s1_3:" + s1_3);
System.out.println("s1_4:" + s1_4);
System.out.println("s1_5:" + s1_5);
System.out.println("s1_6:" + s1_6);
```

//输出第二条记录
```
System.out.println("flag2:" + flag2);
System.out.println("s2_1:" + s2_1);
System.out.println("s2_2:" + s2_2);
System.out.println("s2_3:" + s2_3);
System.out.println("s2_4:" + s2_4);
System.out.println("s2_5:" + s2_5);
System.out.println("s2_6:" + s2_6);
```

//输出第三条记录
```
System.out.println("flag3:" + flag3);
```

//输出第四条记录
```
System.out.println("flag4:" + flag4);
```

则可以得到以下输出：
```
flag1:true
s1_1:1
i1_1:1
s1_2:mary
```

s1_3:0

s1_4:18

s1_5:teacher

s1_6:sports

flag2:true

s2_1:3

s2_2:lucy

s2_3:0

s2_4:20

s2_5:doctor

s2_6:music

flag3:true

flag4:false

注意：

①其中 s1_1 是字符串 String 型的，i1_1 则是整数 Int 型的。

②由于结果集只有 3 条记录，所以执行第四次 next( )方法时返回的是 false。

③rs. getString(1)等同于 rs. getString("userId")；

rs. getString(2)等同于 rs. getString("userName")；以此类推。

由上面的例子，便知道可以使用 next( )方法遍历结果集里的数据。

[例 4-32]

```
ResultSet rs = statement. executeQuery ("select  *  from userinfo
where sex=0");
String s="";
while(rs.next()){
    s = rs.getString(2);
    System.out.println(s);
}
```

结果：

mary

lucy

lily

[例 4-33]

```
ResultSet rs = statement. executeQuery ("select userName,work from
userinfo where sex=0");
String s="";
while(rs.next()){
    s = rs.getString(2);
    System.out.println(s);
```

```
}
```

结果:

```
teacher
doctor
student
```

注意:

rs. getString(2)取的是结果集的第二列的值,而不是数据库表的第二个字段的值,若执行:

```
ResultSet rs = statement.executeQuery("select userName,work from
userinfo where sex=0");
```

得到结果集如图4.17所示。

mary	teacher
lucy	doctor
lily	student

图4.17　结果集

next()方法和 getString()方法是 ResultSet 对象最常用的方法。除此之外 ResultSet 对象还有以下常用方法:

● public boolean first();　该方法的作用是将指针定位到数据库记录集的第一行。

● public boolean last();　该方法的作用刚好和 first()方法相反,将指针定位到数据库记录集的最后一行。

● public boolean isFirst();　该方法的作用是检查指针是否指向记录集的第一行,如果是返回 true,否则返回 false。

● public boolean isLast();　该方法的作用是检查指针是否指向记录集的最后一行,如果是返回 true,否则返回 false。

4.3　数据库处理工具类的引进

在本节将学习:

● 引入数据库处理工具类的原因;

● 数据库工具类的构建方法。

4.3.1　引进数据库处理工具类的原因

如今使用的应用程序,包括本书所要完成的新闻发布系统,越来越多的地方都要和数据库打交道,与数据库进行诸如数据库连接、数据库增删查改等操作,同一个应用程序的不同模块很有可能会进行相同的数据库操作,而这些操作,在 JDBC 编程中是非常相近的,只是有少许的不同。在进行数据库编程的次数多了就会发现,不同模块各自的数据库操作的代码有大部分相同的地方,很多代码可以从其他地方拷贝过来稍作修改就可以用;因为代码并不是完全一样,还需要进行简单的修改,但是有时候会忘记修改或者修改不到位而引起一些程序上的 bug,于是就要考虑,有没有更简单的办法,不用拷贝也不需要怎么修改代码来达到数据库编程代码重用的目的?

工具一词是指可以重复使用完成特定功能的东西,而且一旦工具形成,在每次使用的时候,无论是谁在什么时候使用,只要完成工具既定的功能,就无需改动。那么,引入用于数据库处理工具类,就是把专门进行数据库处理的代码放到一个类里边,将它当做一个工具来使用,从而达到数据库编程代码重用的目的。

4.3.2　数据库处理工具类的构建

构建一个工具类,要考虑两件事情。

首先,要考虑工具类作为工具,它应该完成怎样的功能。对于数据库处理,总结起来应该有数据库连接、增加、删除、查询、修改和数据库关闭这几个功能。在类中,功能就是方法,因此要定义上述几个方法。

其次,要考虑如何实现代码重用。我们逐一分析工具类中各个功能的代码(看看哪些是会变动的,哪些是不变的,变动的地方设置为方法的参数):

●数据库连接功能:只要数据库名、数据库用户名、密码和数据库地址确定以后,数据库连接是无需改动的;

●增加、修改、查询、删除功能:各自 SQL 语句是变动的,需要设置 SQL 语句为方法参数,其他不变;

●数据库关闭功能:代码固定不变。

根据上述分析结果,我们构建的数据库工具类 DbHandle. java 如下:

成员变量(3 个,连接对象、statement 对象、结果集对象):

```
/**
 * 数据库连接对象,若对象为 null 表示连接失败
 */
Connection conn =null;
/**
 * 执行 sql 语句的对象
 */
Statement st =null;
/**
 * 存放查询结果的对象
 */
ResultSet rs =null;
```

主要的成员方法(4 个,数据库连接、查询、增删改、关闭):

```
/**
 * 数据库连接(mysql)
 */
public void getConnection(){
```

```java
        final String DRIVERNAME = "com.mysql.jdbc.Driver";
        final String URL =
"jdbc:mysql://localhost/testdb? characterEncoding=utf-8";
        final String LOGIN = "root";
        final String PASSWORD = "";
        try {
            //第一步:加载驱动程序
            Class.forName(DRIVERNAME);
        //第二步:创建一个数据库连接
        conn=DriverManager.getConnection(URL,LOGIN,PASSWORD);
          }catch(Exception e){
            System.out.println("执行 getConnection()方法出错:");
            e.printStackTrace();
        }
    }
    /**
     * 数据库查询
     * @param sql
     */
    public ResultSet executeQuery(String sql){
        try{
            if(conn==null){
              getConnection();
            }
            if(st==null)
            {
              st=conn.createStatement();
            }
            rs=st.executeQuery(sql);
        }catch(Exception e){
            System.out.println("执行 executeQuery(String sql)方法出错:"+
sql);
            e.printStackTrace();
        }
            return rs;
    }
```

```java
/**
 * 数据库增加/删除/修改
 * @param sql
 * @return >0 执行成功
 */
public int executeUpdate(String sql){
    int ret;
    try{
        if(conn==null){
            getConnection();
        }
        if(st==null)
        {
            st=conn.createStatement();
        }
        ret=st.executeUpdate(sql);
    }catch(Exception e){
        System.out.println("执行 executeUpdate(sql)方法出错:"+sql);
        e.printStackTrace();
        ret=-1;
    }
    return ret;
}
/**
 * 数据库关闭
 */
public void close(){
    try {
    if (rs! =null){
        rs.close();
    }
    if (st! =null){
        st.close();
    }
    if (conn! =null){
        conn.close();
    }}
    catch(Exception e){
```

```
System.out.println("执行 close()方法出错:");
        e.printStackTrace();
    }
}
```

注意:在数据库连接方法中,假定数据库名为 testdb,数据库用户名和密码是安装默认设置,数据库地址默认为本机地址,这几个值按理说应该是变动的,需要设置为方法的参数。考虑到应用程序开发中一般数据库名、数据库用户名、密码和数据库地址比较固定,变动的情况较少,设置为方法的参数反而给程序编写带来不便,故未设置成参数。

4.4　JDBC 编程实例

在本节将学习:

● 利用 JSP 与数据库工具类实现简单的注册功能。

这一节我们使用前面学到的 JDBC 数据库编程来实现一个简单的用户注册功能。在画面上输入一些用户信息,如登录名、密码等,然后单击【登录】按钮,用户输入的信息就会生成一条记录插入到数据库的用户注册表 userinfo 中。

1. 创建任务所需的数据库表结构

使用 MySqlFront 创建名为 testdb 的数据库,然后在 testdb 中创建注册用户表 userinfo,表结构如图 4.18 所示。

序号	字段名	字段说明	字段类型	长度	是否为空	主键	备注
1	username	用户名	varchar	10	否	主键	用户登录id
2	password	密码	varchar	18	否		
3	sex	性别	varchar	2	否		取值: 0男, 1女
4	note	说明	varchar	255	是		

图 4.18　注册用户表 userinfo

(1)创建数据库处理工具类

创建名为 DbHandle 的工具类,如上一节所讲的。

(2)创建工程,创建注册 JSP 页面 register.jsp

页面上有 4 个供用户输入的控件,输入注册信息,代码如下:

```
<%@ page language="java" contentType="text/html; charset=UTF-8"
    pageEncoding="UTF-8"%>
<html>
<head>
<title>Insert title here</title>
</head>
<body>
    <FORM action="result.jsp" method="post">
      <TABLE>
        <tr>
```

```
    <td>用户名:</td>
    <td><INPUT type="text" name="username" ></td>
  </tr>
  <tr>
    <td>密      码:</td>
    <td><INPUT type="password" name="password" ></td>
  </tr>
  <tr>
    <td>性      别:</td>
    <td><INPUT type="radio" name="sex" value="男" checked>男
      <INPUT type="radio" name="sex" value="女"> 女</td>
  </tr>
  <tr>
    <td>说      明:</td>
    <td><TEXTAREA name="note" rows=3 cols=30></TEXTAREA></td>
  </tr>
  <tr>
    <td><INPUT TYPE="submit" value="提交" name="submit"></td>
    <td><INPUT TYPE="reset"  value="重置" name="reset"></td>
  </tr>
  </TABLE>
 </FORM>
</body>
```

运行画面得到效果如图 4.19 所示。

2. 利用数据库工具类实现注册信息入库

register. jsp 页面将信息提交到注册结果页面 result. jsp，该页面从 JSP 内置对象 request 中取得注册画面用户的输入值后，拼接成 SQL 语句，使用数据库工具类 DbHandle 将注册信息存入数据库。代码如下：

```
<% @ page language="java" contentType="text/html; charset=UTF-8"
    pageEncoding="UTF-8" import="common.DbHandle"% >
<html>
<head>

<title>Insert title here</title>
</head>
<body>
<%
   request.setCharacterEncoding("UTF-8");
```

图 4.19 注册页面 register. jsp

```
String username=request.getParameter("username");
String password=request.getParameter("password");
String sex=request.getParameter("sex");
String note=request.getParameter("note");
DbHandle dbh=new DbHandle();
String sql="insert into userinfo values('" + username +"' ,'"
        + password + "' ,'" + sex + "' ,'" + note + "' )";


if(dbh.executeUpdate(sql)){
%>
   注册成功
   <%}else{%>
   注册失败
   <%}%>
</body>
```

注册画面 register. jsp 提交后,得到效果如图 4.20 所示。

查看数据库,可看到添加数据已成功,如图 4.21 所示。

注意:MySQL 的 JDBC 驱动程序有 1 个文件(mysql-connector-java-5. 1. 7-bin. jar),需要将它拷贝到 WebRoot\WEB-INF\lib 目录中。在本书最后的学习参考资料中列出了 MySQL 的 JDBC 驱动程序的官方下载网址,需要下载的读者可以去该网站下载。

图 4.20　注册结果 result. jsp

图 4.21　数据库添加记录

4.5　巩固与提高

1. 填空题

有表 4.13 所示的表 dept,完成以下 SQL 语句。

表 4.13　dept 表

序号	字段名	字段说明	字段类型	长度	是否为空	主键	备注
1	empno	雇员编号	int	4	否	主键	
2	ename	雇员名	varchar	10	否		
3	job	工作	varchar	9			
4	mgr	上级	int	4			
5	hiredate	雇佣日	date				
6	sal	工资	int	7			
7	comm	佣金	int	7			
8	deptno	部门	int	2			

（1）选择部门（deptno）30 中的雇员。

（2）列出所有销售员（salesman）的姓名、编号和部门。

（3）找出佣金（comm）高于工资（sal）的雇员。

（4）找出佣金高于工资 60% 的雇员。

（5）找出公司里所有的工作（job）。

（6）找出工作（job）是销售员（salesman）并且工资（sal）高于 1 300 的雇员。

（7）找出工作是销售员（salesman）或者工资（sal）高于 1 300 的雇员。

（8）找出名字以 S 开头的雇员的信息。

（9）找出名字以 S 结尾的雇员的信息。

（10）找出名字里带有 S 的雇员的信息。

（11）找出所有销售员（salesman）的详细信息，以工资（sal）升序排序。

（12）找出所有销售员（salesman）的详细信息，名字降序，工资升序排序。

（13）找出所有部门是 30 的销售员（salesman）的平均工资。

（14）找出部门是 30 的销售员（salesman）的人数。

（15）找出部门是 30 的销售员的最高工资（sal）。

（16）找出部门是 30 的销售员的最低工资。

（17）找出部门是 30 的销售员的总工资。

（18）拼接字符串姓名（ename）和部门（deptno）。

（19）去掉工作（job）字段的左空格。

（20）去掉工作（job）字段的两边空格。

（21）取出工作字段的从第 2 位起的 4 个字符。

（22）找出所有部门的平均工资。

（23）找出平均工资大于 1 500 的部门的编号和平均工资。

（24）写出 java 中 JDBC 装载 MY SQL 驱动的语句＿＿＿＿＿＿＿＿＿＿＿。

（25）写出 java 中 JDBC 装载 MS SQLServer 驱动的语句＿＿＿＿＿＿＿＿＿＿＿。

（26）JDBC 中数据库连接对象是＿＿＿＿＿＿＿＿＿＿＿。

2. 操作题

实现登录功能（使用数据库工具类实现）。创建登录页面 login. jsp（图 4.22），用户进行登录，跳转到结果画面 result. jsp，显示成功或者不成功。

图 4.22　用户登录页面 login. jsp

第五章 | MVC 思想及其应用

MVC 全称是 Model View Controller,是模型(Model)—视图(View)—控制器(Controller)的缩写,是一种软件设计典范,用一种业务逻辑、数据、界面显示分离的方法组织代码,将业务逻辑聚集到一个部件里面,在改进和个性化定制界面及用户交互的同时,不需要重新编写业务逻辑。MVC 被独特的发展起来用于映射传统的输入、处理和输出功能在一个逻辑的图形化用户界面的结构中。

5.1 MVC 思想

在本节将学习:
- MVC 设计模式的具体内容;
- MVC 设计模式的优点;
- MVC 设计模式的具体实现模型。

5.1.1 深入理解 MVC

MVC 思想实际上是一种设计模式,它的模式最早由 Trygve Reenskaug 在 1978 年提出,是施乐帕罗奥多研究中心(Xerox PARC)在 20 世纪 80 年代为程序语言 Smalltalk 发明的一种软件设计模式。MVC 模式的目的是实现一种动态的程序设计,使后续对程序的修改和扩展简化,并且使程序某一部分的重复利用成为可能。除此之外,此模式通过对复杂度的简化,使程序结构更加直观。软件系统通过对自身基本部分分离的同时也赋予了各个基本部分应有的功能。

1. MVC 设计模式

设计模式(Design pattern)是一套被反复使用、多数人知晓的、经过分类的、代码设计经验的总结。使用设计模式是为了可重用代码、让代码更容易被他人理解、保证代码的可靠性。毫无疑问,设计模式于己于他人于系统都是多赢的;设计模式使代码编制真正工程化。设计模式是软件工程的基石脉络,如同大厦的结构一样。

MVC 设计模式的理解:
- M 是 Model 的简写,意思是模型。程序员编写程序应有的功能(实现算法等)、数据库担当者进行数据管理和数据库设计(可以实现具体的功能)。
- V 是 View 的简写,意思是视图。界面设计人员进行图形界面设计。
- C 是 Controller 的简写,意思是控制器。负责转发请求,对请求进行处理。

MVC 就是 Model View Controller 的简称,即模型—视图—控制器。

2. MVC 的核心思想

MVC 的核心思想是将一个应用程序的数据业务处理功能(模型)、用户界面功能(视图)和控制功能(控制层)在 3 个不同的部分(也叫层)上分别实现。MVC 的核心就是分层,分层使得每一层任务明确。

3. MVC 的优缺点

(1)优点

● 耦合性低

视图层和业务层分离,这样就允许更改视图层代码而不用重新编译模型和控制器代码。同样,一个应用的业务流程或者业务规则的改变只需要改动 MVC 的模型层即可。因为模型与控制器和视图相分离,所以很容易改变应用程序的数据层和业务规则。

模型是自包含的,并且与控制器和视图相分离,所以很容易改变应用程序的数据层和业务规则。如果把数据库从 MySQL 移植到 Oracle,或者改变基于 RDBMS 数据源到 LDAP,只需改变模型即可。一旦正确地实现了模型,不管数据来自数据库或是 LDAP 服务器,视图将会正确地显示它们。由于运用 MVC 的应用程序的 3 个部件是相互独立,改变其中一个不会影响其他两个,所以依据这种设计思想能构造良好的松耦合的构件。

● 重用性高

随着技术的不断进步,需要用越来越多的方式来访问应用程序。MVC 模式允许使用各种不同样式的视图来访问同一个服务器端的代码,因为多个视图能共享一个模型,它包括任何 Web(HTTP)浏览器或者无线浏览器(Wap),例如,用户可以通过计算机也可通过手机来订购某样产品,虽然订购的方式不一样,但处理订购产品的方式是一样的。由于模型返回的数据没有进行格式化,所以同样的构件能被不同的界面使用。很多数据可能用 HTML 来表示,但是也有可能用 WAP 来表示,而这些表示所需要的命令是改变视图层的实现方式,而控制层和模型层无须做任何改变。由于已经将数据和业务规则从表示层分开,所以可以最大化地重用代码了。模型也有状态管理和数据持久性处理的功能,如基于会话的购物车和电子商务过程也能被 Flash 网站或者无线联网的应用程序所重用。

● 生命周期成本低

MVC 使开发和维护用户接口的技术含量降低。

● 部署快

使用 MVC 模式使开发时间得到相当大的缩减,它使程序员(Java 开发人员)集中精力于业务逻辑,界面程序员(HTML 和 JSP 开发人员)集中精力于表现形式上。

● 可维护性高

分离视图层和业务逻辑层也使得 Web 应用更易于维护和修改。

● 有利于软件工程化管理

由于不同的层各司其职,每一层不同的应用具有某些相同的特征,有利于通过工程化、工具化管理程序代码。控制器也提供了一个好处,就是可以使用控制器来连接不同的模型和视图去完成用户的需求,这样控制器可以为构造应用程序提供强有力的手段。给定一些可重用的模型和视图,控制器可以根据用户的需求选择模型进行处理,然后选择视图将处理结果显示给用户。

（2）缺点

● 没有明确的定义

完全理解 MVC 并不是很容易。使用 MVC 需要精心的计划,由于它的内部原理比较复杂,所以需要花费一些时间去思考。同时由于模型和视图要严格地分离,这样也给调试应用程序带来了一定的困难。每个构件在使用之前都需要经过彻底的测试。

● 不适合小型和中等规模的应用程序

花费大量时间将 MVC 应用到规模并不是很大规模的应用程序通常会得不偿失。

● 增加系统结构和实现的复杂性

对于简单的界面,严格遵循 MVC,使模型、视图与控制器分离,会增加结构的复杂性,并可能产生过多的更新操作,降低运行效率。

● 视图与控制器间的过于紧密的连接

视图与控制器是相互分离,但却是联系紧密的部件,视图没有控制器的存在,其应用是很有限的,反之亦然,这样就妨碍了他们的独立重用。

● 视图对模型数据的低效率访问

依据模型操作接口的不同,视图可能需要多次调用才能获得足够的显示数据。对未变化数据的不必要的频繁访问,也将损害操作性能。

● 一般高级的界面工具或构造器不支持模式

改造这些工具以适应 MVC 需要和建立分离的部件的代价是很高的,会造成 MVC 使用的困难。

4. MVC 的 3 个部分详解

视图（View）:应用程序的表示层,代表用户交互界面。在 Web 应用中,交互界面可能是 HTML 界面,也有可能是 XML 界面、Applet 界面或其他界面。视图可以理解为用户界面和前台。

模型（Model）:应用程序的业务处理层,负责所有业务流程的处理和业务规则的制定。模型就是业务逻辑和业务数据。

控制器（Controller）:接受用户输入并调用模型和视图去完成用户的需求。当用户在 Web 页面中提交 HTML 标单时,控制器接收请求并调用相应的模型组件去处理请求,之后调用相应的视图来显示模型返回的数据。

5. MVC 的 3 个部分之间的功能协作过程

在一次程序运行的过程中,首先是视图的程序和用户打交道,它接收了来自用户的数据和请求,并将它发往控制器。控制器接收到了用户的请求,对请求进行判断,并选择合适的业务处理模型来完成用户的请求。当请求处理完成后,模型通知控制器,并选择合适的视图来向用户呈现处理结果。整个过程如图 5.1 所示。

5.1.2 MVC 的具体实现

在 Java Web 领域存在着两种经典模型,也可以称为实现模式,分别是 Model1 和 Model2。

图 5.1 视图—模型—控制器协作过程

这两种模型都可被看成是 MVC 的具体实现形式。

1. 模型 1：JSP+JavaBean

如图 5.2 所示,在模型 1 中,JSP 充当着控制器与视图的双重角色,JavaBean 扮演了模型的角色。JSP 直接调用后台模型进行业务处理,同时,再由 JSP 返回用户结果界面。

图 5.2 MVC 典型模型 1

2. 模型 2：JSP+Servlet+JavaBean

如图 5.3 所示,在模型 2 中,JSP 既作为视图又作为控制器的局面不再存在,而是使用了 Servlet 作为控制器,JSP 则单纯地只负责显示逻辑(可能包括很少量的 Java 代码)。当用户通过浏览器向服务器发送请求时,接收请求的组件从原先的 JSP 换成了 Servlet。Servlet 通过自身的逻辑判断调用相应的 JavaBean 处理用户请求,JavaBean 则负责业务逻辑的处理和数据持久化等工作。待到处理完成,JavaBean 将结果返回给 Servlet,再由 Servlet 跳转到 JSP 页面返回给客户浏览器,完成一次操作。

本书要应用的正是模型 2。

图 5.3　MVC 典型模型 2

5.2　应用 MVC 思想实现用户登录

在本节将学习：

● 利用 MVC 实现模型 2,即 JSP+Servlet+JavaBean 模式实现用户登录。

5.2.1　用户登录功能的 View 视图的实现

MVC 中的 V,使用 JSP 来实现视图,即用户界面。对于用户登录功能来说,我们需要的主要画面 login. jsp 非常简单,只需要"用户名""密码"两个输入框,再有"提交"和"重置"两个按钮就足够了,如图 5.4 所示。

图 5.4　登录主画面

login. jsp 的代码如下,其中要注意：

● 表单的提交地址为"lgServlet",这在之后的 Servlet 的配置中需要用到。

● 提交的方式是"post"方式,这决定了调用 Servlet 的是哪个方法。

● 两个文本框控件的 name 属性为"username""password",这在业务逻辑处理时需要使用到。

```
<% @ page language="java" contentType="text/html; charset=UTF-8"
    pageEncoding="UTF-8" % >
<html>
<head>
```

```
<title>Insert title here</title>
</head>
<body>
    <FORM action="lgServlet" method="post" >
      <TABLE>
        <tr>
          <td>用户名:</td>
          <td><INPUT type="text" name="username" ></td>
        </tr>
        <tr>
          <td>密    码:</td>
          <td><INPUT type="password" name="password" ></td>
        </tr>
        <tr>
          <td><INPUT TYPE="submit" value="提交" name="submit"></td>
          <td><INPUT TYPE="reset"  value="重置" name="reset"></td>
        </tr>
      </TABLE>
    </FORM>
</body>
```

还需要两个简单的登录成功"result_succ. jsp"画面和登录失败"result_err. jsp"画面,如图 5.5 和图 5.6 所示。这两个画面都非常简单,代码省略。

图 5.5 登录成功画面

图 5.6 登录失败画面

5.2.2　用户登录功能的 Model 模型的实现

MVC 中的 M,使用 JavaBean 来实现模型,即完成业务逻辑的处理。现在我们来实现用户登录的业务逻辑。用户登录功能是根据用户输入的用户名和密码,在数据库进行查找,若找到一条或一条以上记录,那么则登录成功,若没有找到任何记录,则登录失败。

首先建立逻辑处理类 Login. java,此类最主要的方法为逻辑处理的 execute 方法,该方法参数为 JSP 的内置对象 request,返回值 boolean 类型。若返回 true,则表示登录成功;返回 false,则表示登录失败。

```
public boolean execute(HttpServletRequest request)
```

用户输入的用户名与密码从 JSP 的内置对象 request 中得到。

关键代码如下(第一句话是为了处理画面传来的中文字符不至于乱码):

```
request.setCharacterEncoding("UTF-8");
username=request.getParameter("username");
password=request.getParameter("password");
```

得到画面的数据后,拼接 SQL 语句,并用上一章学到的数据库工具类 DbHandle. java 对数据库进行查询。查询返回一个 ResultSet 类的对象 rs。执行 rs. next( )方法,如果返回 true,则说明查询得到了一条或一条以上记录,则为登录成功,否则为失败。完整的 Login. java 代码如下:

```
package login;

import java.sql.ResultSet;

import javax.servlet.http.HttpServletRequest;

import common.DbHandle;

public class Login {
    private String username;
    private String password;

    public boolean execute(HttpServletRequest request){

        try {
            request.setCharacterEncoding("UTF-8");
            username=request.getParameter("username");
            password=request.getParameter("password");
            DbHandle dbh=new DbHandle();
            String sql="select * from userinfo where username='"+
```

```
                    username +"' and password = '" + password + "'";
            ResultSet rs=dbh.executeQuery(sql);
            if(rs.next()){
                return true;
            }else{
                return false;
            }

        } catch (Exception e) {
            //TODO Auto-generated catch block
            e.printStackTrace();
            return false;
        }
    }

    public String getUsername() {
        return username;
    }

    public void setUsername(String username) {
        this.username = username;
    }

    public String getPassword() {
        return password;
    }

    public void setPassword(String password) {
        this.password = password;
    }

}
```

5.2.3　用户登录功能的 Controller 控制器的实现

　　MVC 中的 C 是使用 Servlet 来实现控制,即画面的跳转。首先建立 Servlet 类 LoginServlet. java。在这个类中主要需要完成的是 doPost( )方法。它需要做的只是调用上一节实现的业务逻辑处理类 Login 的 execute( )方法,根据这个方法的返回值,跳转到对应的 JSP 画面。完整的代码如下:

```java
package servlet;

import java.io.IOException;
import javax.servlet.ServletException;
import javax.servlet.http.HttpServlet;
import javax.servlet.http.HttpServletRequest;
import javax.servlet.http.HttpServletResponse;

import login.Login;

public class LoginServlet extends HttpServlet {
    private static final long serialVersionUID = 1L;

    public LoginServlet() {
        super();
        //TODO Auto-generated constructor stub
    }

    protected void doGet(HttpServletRequest request,HttpServlet-
Response response) throws ServletException,IOException {
        //TODO Auto-generated method stub
    }

    protected void doPost(HttpServletRequest request,HttpServlet-
Response response) throws ServletException,IOException {
        //TODO Auto-generated method stub
        try{
            Login Login=new Login();
            response.setCharacterEncoding("UTF-8");
            if(Login.execute(request)){
                response.sendRedirect("result_succ.jsp");
            }else{
                response.sendRedirect("result_err.jsp");
            }
        }catch (Exception e){
            e.printStackTrace();
            System.out.println("执行出错了");
        }
```

```
        }

    }
```

5.2.4 配置、调试输出

完成了 MVC 的 3 个部分的代码后,还需要配置 Servlet。在 JSP 画面 login. jsp 中配置了画面的提交方式为"post",提交到"lgServlet"。

```
<FORM action="lgServlet" method= "post" >
```

那么提交后是如何找到 LoginServlet. java 这个类,从而调用代码实现业务逻辑的呢? 这里就需要配置 web. xml 文件,将 lgServlet 映射到 LoginServlet. java 这个 Servlet 类上。这在前面的章节已经讲到过了,完整的代码如下:

```
<servlet>
  <servlet-name>LoginServlet</servlet-name>
  <servlet-class>servlet.LoginServlet</servlet-class>
</servlet>

<servlet-mapping>
  <servlet-name>LoginServlet</servlet-name>
  <url-pattern>/lgServlet</url-pattern>
</servlet-mapping>
```

整个项目的目录结构如图5.7 所示。

图5.7 项目目录结构

数据库结构如图 5.8 所示。

图 5.8　数据库结构

发布工程，启动 Web 服务器。

在网页地址栏直接输入：

http://web 服务器 ip 地址：端口号/应用程序名字/jsp 页面名，例如：

http://localhost:8080/test01/login.jsp

运行效果如图 5.4 所示，然后输入用户名、密码，单击"提交"按钮，根据数据库数据，画面跳转到成功或者失败画面，如图 5.5 和图 5.6 所示。

5.3　巩固与提高

1. 选择题

（1）下列不是 MVC 的组成部分的是（　　　）。

　　A. View　　　　　　　B. Controller　　　　　C. Vista　　　　　　　D. Model

（2）下面不是 MVC 的优点的是（　　　）。

　　A. 耦合性低　　　　　B. 易于维护　　　　　　C. 重用性高　　　　　D. 占用资源少

（3）下面不是 MVC 的缺点的是（　　　）。

　　A. 增加了系统结构的复杂性　　　　　　　　B. 视图与控制器间过于紧密的连接

　　C. 视图对模型数据的效率访问低　　　　　　D. 不能满足用户的需求变化

2. 填空题

（1）MVC 设计模式中 M、V、C 分别是＿＿＿＿、＿＿＿＿、＿＿＿＿的简写，意思分别是

＿＿＿＿、＿＿＿＿、＿＿＿＿。

（2）在 Model1 中，＿＿＿＿充当着控制器与视图的双重角色，＿＿＿＿扮演了模型的

角色。

（3）在 Model2 中，控制器是＿＿＿＿＿＿＿＿＿＿。

（4）JSP 内置对象有＿＿＿＿、＿＿＿＿、＿＿＿＿、＿＿＿＿、＿＿＿＿、＿＿＿＿、＿＿＿＿、＿＿＿＿和＿＿＿＿。

3. 操作题

实现登录功能和增加功能（应用 MVC 思想实现）。创建登录页面 login.jsp（图 5.9），用户进行登录，如果登录成功则跳转到图书增加页面 addbook.jsp，登录不成功则一直停留在登录页面。在图书增加页面中要求显示登录的用户名（图 5.10），用户在此页面中输入完相关图书信息后单击增加按钮将进行信息保存到数据库中的操作，然后根据操作成功与否在结果显示页面 result.jsp（该页面根据题意自行完成）中显示增加成功或增加失败的提示信息。

图 5.9　用户登录页面 login.jsp

图 5.10　增加图书页面 addbook.jsp

第二部分　项目实做

第六章 项目的需求分析与设计
——新闻发布系统的需求分析与设计阶段

6.1 项目的需求分析

在本节将学习：

- 软件工程的基本开发流程；
- 项目的基本功能需求；
- 如何进行需求分析；
- 编写需求说明书。

通过了解新闻发布系统的基本功能需求，尝试划分系统的功能，分析每个功能的具体细节要求，最后尝试编写需求分析说明书。

6.1.1 项目工作流程介绍

做项目实际就是做一个软件工程，它主要包括以下几个部分：

软件工程的内容；

需求分析（用户的流程/功能确定）；

概要设计（界面设计/框架设计/数据库设计）；

详细设计（程序流程/伪代码的设计）；

编码（具体代码实现）；

测试（代码 正确性合理性的验证）；

发布（到客户使用地实施部署并提供培训）；

维护。

注意：上述内容是一个循环的过程。

6.1.2 项目的需求分析

1.项目基本情况介绍

本系统类似一个留言板，提供一个新闻共享的交流平台，用户在本系统注册以后，可以发布自己所搜集的有意义的新闻到系统内，同时可以浏览别人的新闻，还可以修改、删除自己已经发布的新闻，达到新闻信息共享的目的。

另外设置一个管理员角色，管理员管理一般用户和新闻，对一些"内容不健康"的新闻进行适当修改或删除，并有权对一些"不安分"的用户进行删号处理。

2. 项目的需求分析

（1）需求概述

这是一个新闻发布系统，它能让管理员及普通用户使用。普通用户能够实现注册、登录、查看新闻、发布新闻、编辑自己发布的新闻、修改自己的密码的功能。管理员能登录，查看、发布、编辑所有新闻、管理用户。

（2）用例分析

用例分析是干什么用的呢？要说明这个问题，先看看下面几个概念。

● 角色

角色（Actor）是与系统交互的人或事。所谓与"系统交互"指的是角色向系统发送消息，从系统中接收消息，或是在系统中交换信息。只要使用用例与系统互相交流的任何人或事都是角色。例如，某人使用系统中提供的用例，则该人就是角色；与系统进行通信（通过用例）的某种硬件设备也是角色。

● 用例

用例是对包括变量在内的一组动作序列的描述，系统执行这些动作，并产生传递特定参与者的价值的可观察结果。这是 UML 对用例的正式定义，对初学者可能有点难懂。可以这样去理解，用例是参与者想要系统做的某件事情。

根据用例和角色的概念，通过对新闻发布系统需求的了解，可以得到如图 6.1 所示的分析结果。

图 6.1　新闻发布系统的用例分析

图 6.1 中像人一样的图形就是角色，通过对新闻发布系统的需求分析可得出有一般用户和管理员两种角色；图中椭圆代表的是用例（可以分析出大约 9 个用例）；中间的箭头将角色与用例连接起来，代表的是对应的角色可以使用的用例，有一个箭头就表示对应的角色可以使用用例，没有箭头的角色就不能使用用例。例如图中"一般用户"这个角色就没有"删

除用户"这个用例,因为它俩之间没有箭头连接。

（3）用例详细说明

光有用例分析是不够的,用例只是程序的功能界定,需求概述也仅仅对每个功能提出了名字,要想实现系统的功能还必须知道每个功能的详细内容,深入了解用户在完成系统的某个功能时需要做哪些事。下面就来看看图6.1中的用例的详细说明。

● 注册

一般用户必须注册之后才能使用新闻发布系统的其他功能,注册的信息包括:用户 id（10 以内的英文或数字）、用户昵称（用户名）、用户登录密码（6 ~ 18 位字符）、用户登录密码（再次输入）、联系邮箱地址。已经注册过的用户 id 不能再次注册,用户两次输入的登录密码必须一致才能注册。

● 登录

输入登录用户 id、登录密码;【可选】要求连续输错三次密码将不能再登录。

登录之后可以退出登录。

● 修改密码

用户在修改密码时需要输入用户 id、老密码、新密码、新密码（再次输入）。当用户 id、老密码输入正确,且新密码两次输入一致时,密码修改才能成功。

● 新闻发布

管理员和已经注册的一般用户都可以发布新闻,发布内容包括新闻标题、纯文本的新闻正文、新闻发布者签名、系统自动记录发布时间和发布者的用户 id、【可选】文件形式的新闻内容附件（包含图片等文件形式的内容）。

● 新闻修改

一般用户只能修改自己的新闻,管理员可以修改所有用户的新闻;可以修改的内容包括新闻标题、新闻正文、新闻正文附件、新闻发布者签名。系统自动记录最后修改时间。

● 新闻删除

一般用户只能删除自己发布的新闻,管理员可以删除所有人的新闻。

● 新闻查阅

新闻查阅分成两个阶段完成。首先,根据发布时间或者发布人的用户 id 查询出满足条件的新闻列表;然后选中其中一条新闻单击后查看指定的一条新闻详情。

● 查阅用户

用户查阅分成两个阶段完成。首先,用户 id 或者用户的职业查询出满足条件的用户列表;然后选中其中一条用户,点击后查看指定的用户详情。

● 删除用户

只有管理员可以删除某个用户的注册信息,删除后该用户将不能再登录。

● 修改用户

管理员可以修改所有用户的所有注册信息;【可选】一般用户只能修改自己注册的用户信息（可修改的信息包括用户昵称、邮箱地址）。

6.1.3 任务具体实施

①了解新闻发布系统的基本情况,具体内容见 6.1.2 节。

②进行用例分析,建议用例图使用 RationalRose2003 或者 visio2007 来制作。

③根据用例图,可以初步得出一个功能结构图,如图6.2 所示。

图6.2 新闻发布系统功能结构图

④进行需求细化,具体内容见6.1.2 节。

注意:本书中【可选】部分的需求描述没有实现代码,是留给读者自行巩固和提高的部分。

⑤形成需求文档。根据前面所述,按照4 个要点:项目介绍、用例分析、功能界定、需求细化形成一个基本的需求说明书。

6.2 项目的设计

在本节将学习:

* 项目的概要设计和详细设计;
* 如何进行概要设计;
* 如何进行主界面设计;
* 如何进行数据库设计。

新闻发布系统项目设计:进行本项目的概要设计、主界面设计、数据库设计。

6.2.1 项目设计的概念

做一个软件项目就像做房地产项目一样,需要先对该项目进行设计。不同的是,房地产项目需要设计的是建筑房子的设计图,软件项目则是要设计与软件相关的多个内容。总的来说,软件项目设计可分为概要设计和详细设计两个阶段。

1. 概要设计

概要设计是对程序的总体设计。它关注的是程序的总体结构而不是细节实现，它把程序划分为不同的功能模块，并对模块间的交互提出了一些设想。概要设计的内容要点如下：

（1）本项目的技术路线

采用的技术方法，如是采用 OO（面向对象）的方法，还是结构化的方法；是采用.net 还是 Java。

总体的技术结构，如采用几层体系结构，每层的责任是什么。

系统的网络结构，如系统的功能在网络上的部署分布。

核心技术难点的解决方案，如系统的核心算法。

（2）系统的功能结构拆分

系统如何拆分为子系统、模块，各系统元素的功能如何实现，模块的拆分结构是什么样的，是否有如控制类、视图类、模型类等。

注：一般是结合图形给出说明。

（3）各系统的元素（子系统、模块、层次、类）之间的接口关系

各元素之间的接口的总体描述。

（4）共享的数据结构设计

数据库表结构设计。

数据文件设计，数据未存储到数据库，而是存放到单个文件中的内容格式设计。

配置文件设计，程序运行参数所需的文件内容格式设计。

（5）用户交互的风格设计

主要包含主界面和各个功能界面设计。

（6）非功能需求的解决方案

如安全性、可用性、有效性、可维护性、可移植性等非功能性需求的一些解决方案。

（7）其他特殊设计

如某些程序有特殊的要求，需要对其进行特殊的设计。

2. 详细设计

详细设计又称为程序设计，它旨在说明一个软件系统各个层次中的每一个程序（每个模块或子程序）是如何实现的。换言之，详细设计的目的就是指导编码，它的效果是：将你的详细设计拿给不同的人去写编码，写出来的程序的功能和处理流程相同。用通俗的话来说，详细设计就是软件项目的"另一种"编码实现，"另一种"编码是指人类语言（比如汉语、英语、日语等），而程序员进行编码实现，就是将详细设计中的人类语言翻译成计算机编程语言而已。详细设计的内容要点如下：

（1）程序系统的结构

用一系列图表列出本程序系统内的每个程序（包括每个模块和子程序）的名称、标识符和它们之间的层次结构关系。

（2）程序1（标识符）设计说明

从本程序开始，逐个地给出各个层次中的每个程序的设计考虑。以下给出的提纲是针

对一般情况的。对于一个具体的模块,尤其是层次比较低的模块或子程序,很多条目的内容往往与它所隶属的上一层模块的对应条目的内容相同,在这种情况下,只要简单地说明这一点即可。

- 程序描述

给出对该程序的简要描述,主要说明安排设计本程序的目的意义,并且,还要说明本程序的特点(如:是常驻内存还是非常驻内存? 是否包括子程序? 是可重入的还是不可重入的? 有无覆盖要求? 是顺序处理还是并发处理等)。

- 功能

说明该程序应具有的功能,可采用 IPO 图(即输入—处理—输出图)的形式。

- 性能

说明对该程序的全部性能要求,包括对精度、灵活性和时间特性的要求。

- 输入项

给出对每一个输入项的特性,包括名称、标识符、数据的类型和格式、数据值的有效范围、输入的方式、数量和频度、输入媒体、输入数据的来源和安全保密条件等。

- 输出项

给出每一个输出项的特性,包括名称、标识符、数据的类型和格式,数据值的有效范围,输出的形式、数量和频度,输出媒体、对输出图形及符号的说明、安全保密条件等。

- 算法

详细说明本程序所选用的算法,具体的计算公式和计算步骤。

- 流程逻辑

用图表(例如流程图、判定表等)辅以必要的说明来表示本程序的逻辑流程。

- 接口

用图的形式说明本程序所隶属的上一层模块及隶属于本程序的下一层模块、子程序,说明参数赋值和调用方式,说明与本程序相直接关联的数据结构(数据库、数据文卷)。

- 存储分配

根据需要,说明本程序的存储分配。存储分配指本程序运行过程中产生的或需要的数据在内存(全局变量)、数据库、数据文件或配置文件中的存储情况。

- 注释设计

说明本程序中安排的注释,如:加在模块首部的注释;加在各分枝点处的注释;对各变量的功能、范围、缺省条件等所加的注释;对使用的逻辑所加的注释等。

- 限制条件

说明本程序运行中所受到的限制条件。

- 测试计划

说明对本程序进行单体测试的计划,包括对测试的技术要求、输入数据、预期结果、进度安排、人员职责、设备条件驱动程序及桩模块等的规定。

- 尚未解决的问题

说明在本程序的设计中尚未解决而设计者认为在软件完成之前应解决的问题。

注意:上述只是一个程序(模块)的详细设计,若有多个模块,则用类似上述的方式,说明第 2 个程序乃至第 N 个程序的设计考虑。

6.2.2 界面设计

1. 概念

在人和机器的互动过程（Human Machine Interaction）中，有一个层面，即所说的界面（Interface）。从心理学意义来分，界面可分为感觉（视觉、触觉、听觉等）和情感两个层次。用户界面设计是屏幕产品的重要组成部分。界面设计是一个复杂的有不同学科参与的工程，认知心理学、设计学、语言学等在此都扮演着重要的角色。用户界面设计的三大原则是：置界面于用户的控制之下；减少用户的记忆负担；保持界面的一致性。用户界面设计在工作流程上分为结构设计、交互设计、视觉设计 3 个部分。

（1）结构设计（Structure Design）

结构设计也称概念设计（Conceptual Design），是界面设计的骨架。通过对用户研究和任务分析，制定出产品的整体架构。基于纸质的低保真原型（Paper Prototype）可提供用户测试并进行完善。在结构设计中，目录体系的逻辑分类和语词定义是用户易于理解和操作的重要前提。如西门子手机设置闹钟的词条是"重要记事"，让用户很难找到。

（2）交互设计（Interactive Design）

交互设计的目的是使产品让用户能简单使用。任何产品功能的实现都是通过人和机器的交互来完成的。因此，人的因素应作为设计的核心被体现出来。交互设计的原则如下：

①有清楚的错误提示。误操作后，系统提供有针对性的提示。

②让用户控制界面。"下一步""完成"，面对不同层次提供多种选择，给不同层次的用户提供多种可能性。

③允许兼用鼠标和键盘。同一种功能，可以同时用鼠标和键盘。提供多种可能性。

④允许工作中断。例如用手机写新短信的时候，收到短信或电话，完成后回来仍能够找到刚才正写的新短信。

⑤使用用户的语言，而非技术的语言。

⑥提供快速反馈。给用户心理上的暗示，避免用户焦急。

⑦方便退出，如手机的退出，是按一个键完全退出，还是一层一层地退出。提供两种可能性。

⑧导航功能。随时转移功能，很容易从一个功能跳到另外一个功能。

（3）视觉设计 Visual Design

在结构设计的基础上，参照目标群体的心理模型和任务达成进行视觉设计，包括色彩、字体、页面等。视觉设计要达到用户愉悦使用的目的。视觉设计的原则如下：

①界面清晰明了。允许用户订制界面。

②减少短期记忆的负担，让计算机帮助记忆，例如：User Name，Password，IE 进入界面地址可以让机器记住。

③依赖认知而非记忆。如打印图标的记忆、下拉菜单列表中的选择。

④提供视觉线索。图形符号的视觉的刺激；GUI（图形界面设计）：Where，What，Next Step。

⑤提供默认(Default)、撤销(Undo)、恢复(Redo)的功能。

⑥提供界面的快捷方式。

⑦尽量使用真实世界的比喻。如:电话、打印机的图标设计,尊重用户以往的使用经验。

⑧完善视觉的清晰度。条理清晰;图片、文字的布局和隐喻不要让用户去猜。

⑨界面的协调一致。如手机界面按钮排放,左键肯定;右键否定;或按内容摆放。

⑩同样功能用同样的图形。

⑪色彩与内容。整体软件不超过 5 个色系,尽量少用红色、绿色。近似的颜色表示近似的意思。

2. 新闻发布系统的主界面设计

主界面是一个系统各个功能进入的门户界面,主界面设计侧重点在结构设计上,一定要慎重考虑,它设计的好坏会严重影响用户的操作流程和操作习惯,同时影响到程序实现的难易程度。

特别说明:在实际的项目开发过程中,用户在提需求的时候对用户界面往往只是提出一些操作要点(例如,界面操作要方便,布局合理,颜色不要太刺眼),不大可能给出具体的操作界面。所以,对于界面的设计,需要程序员(及美工人员)慎重设计并密切与客户沟通完成。本章仅给出一个主界面的设计,对于其他功能界面在后面章节完成具体功能时会附带给出。

主界面的设计草图如图 6.3 所示,整个界面分成 3 个部分(上部、左下部、右下部),上部为标题区,里边显示欢迎信息(用户登录时会显示用户登录名);左下部为菜单功能区,里边列出用户可用的所有功能入口(链接);右下部是具体功能界面显示区,当单击左下部菜单功能区中的功能,会在右下部显示该功能的操作界面。

图 6.3 主界面草图

6.2.3 数据库设计

1. 概念

数据库设计(Database Design)是指根据用户的需求,在某一具体的数据库管理系统上,设计数据库的结构和建立数据库的过程。一般来说,数据库的设计过程大致可分为 5 个步骤。

（1）需求分析

调查和分析用户的业务活动和数据的使用情况,弄清所用数据的种类、范围、数量以及它们在业务活动中交流的情况,确定用户对数据库系统的使用要求和各种约束条件等,形成用户需求规约。

（2）概念设计

对用户要求描述的现实世界(可能是一个工厂、一个商场或者一个学校等),通过对其中住处的分类、聚集和概括,建立抽象的概念数据模型。这个概念模型应反映现实世界各部门的信息结构、信息流动情况、信息间的互相制约关系以及各部门对信息储存、查询和加工的要求等。所建立的模型应避开数据库在计算机上的具体实现细节,用一种抽象的形式表示出来。以扩充的实体—联系模型方法为例,第一步先明确现实世界各部门所含的各种实体及其属性、实体间的联系以及对信息的制约条件等,从而给出各部门内所用信息的局部描述(在数据库中称为用户的局部视图)。第二步再将前面得到的多个用户的局部视图集成为一个全局视图,即用户要描述的现实世界的概念数据模型。

（3）逻辑设计

其主要工作是将现实世界的概念数据模型设计成数据库的一种逻辑模式,即适应于某种特定数据库管理系统所支持的逻辑数据模式。与此同时,可能还需为各种数据处理应用领域产生相应的逻辑子模式。这一步设计的结果就是所谓的"逻辑数据库"。

（4）物理设计

根据特定数据库管理系统所提供的多种存储结构和存取方法等依赖于具体计算机结构的各项物理设计措施,对具体的应用任务选定最合适的物理存储结构(包括文件类型、索引结构和数据的存放次序与位逻辑等)、存取方法和存取路径等。这一步设计的结果就是所谓"物理数据库"。

（5）验证设计

在上述设计的基础上,收集数据并具体建立一个数据库,运行一些典型的应用任务来验证数据库设计的正确性和合理性。一般来说,一个大型数据库的设计过程往往需要经过多次循环反复。当设计的某步发现问题时,可能就需要返回到前面去进行修改。因此,在做上述数据库设计时就应考虑到今后修改设计的可能性和方便性。

注意:本书的数据库设计仅仅进行其中的逻辑设计。

2. 新闻发布系统的数据库设计

首先,明白两个问题:数据库存的是什么? 答:数据。数据的词性是什么? 答:名词。

其次,写一篇文章来描述本项目需求:这是一个新闻发布系统,它能让管理员及普通用户使用,普通用户能够实现注册、登录、查看新闻、发布新闻、编辑自己发布的新闻、修改自己的密码,管理员能登录、查看新闻、发布新闻、编辑所有新闻、管理用户。

再次,分析上述的文章,把其中的名词找出来:新闻、系统、管理员、用户、密码。

最后,分析找出来的名词,设计表结构。

● 新闻

此时数据库中没有一个现成数据表能容下它,因此需要新建一个表:新闻表。那么,新闻表中应该有哪些字段? 可能有的字段有:新闻 id、新闻标题、新闻内容、发布人、发布时间、修改人、修改时间等。

• 系统

该名词是一个泛泛而谈的概念,里边包含的信息太多,抽象而不具体,因此舍弃。

• 管理员

此时有一新闻表了,但管理员与新闻是两个独立的实体,且不是 1 对 1 的关系,因为一个管理员能够发多个新闻,此时需新建一个表:人员表,可能有的字段有:人员 id、人员姓名、性别、年纪、爱好等。

注意:一般来讲,1v1 对应的属性可以合并到同一张表中。

• 用户

用户与管理员都是同一性质的东西,可以说管理员是用户中的特殊人员,因此都放到同一表中:人员表。为了区别,可在管理员表中新增一字段:是否是管理员。

• 密码

分析已经存在的两张表,发现密码是用户的一个属性,当用户存在时才有密码,用户不存在的时候,密码就没有意义,因此,密码可以作为一个字段放入用户表中去。

根据以上分析,可以从新闻发布系统需求中提取两个实体,新闻和用户,他们之间的 E-R 图如图 6.4 所示。

图 6.4 新闻发布系统 E-R 图

根据以上分析及 E-R 图,表结构见表 6.1 和表 6.2。

表 6.1 新闻表(news)

序号	字段名	字段说明	字段类型	长度	是否为空	主键或者外键	备注
1	id	新闻编号	int	11	否	主键	自动增长
2	title	新闻标题	varchar	50	否		
3	content	新闻正文	text		是		
4	userid	发布人	int	11	否	外键	引用用户表主键
5	pubtime	发布时间	datetime		否		

表 6.2 用户表(user)

序号	字段名	字段说明	字段类型	长度	是否为空	主键或者外键	备注
1	id	用户编号	int	11	否	主键	自动增长
2	username	姓名	varchar	20	否		
3	password	密码	varchar	18	否		
4	sex	性别	varchar	1	否		取值0:男,1:女

续表

序号	字段名	字段说明	字段类型	长度	是否为空	主键或者外键	备注
5	profession	职业	varchar	1	是		取值 0：学生，1：老师，2：工人
6	favourite	爱好	varchar	255	是		取值 0：电脑网络，1：影视娱乐，2：棋牌娱乐
7	note	个人说明	varchar	255	是		
8	type	用户类型	varchar	1	否		取值 0：普通用户，1：管理员，默认为 0

6.2.4 工作实施

①按照上述相关内容编写新闻发布系统的概要设计文档，参考概要设计文档。

②按照上述相关内容编写新闻发布系统的数据库设计文档，参考数据库设计文档。

③按照上述相关内容进行主界面设计。

此主界面可以使用框架页面来实现，在框架页面中分别加入标题区页面、菜单区页面和功能区内容起始页面（功能区的各个功能页面将会在后面章节完成）。

编写框架页面 main.jsp，关键代码如下：

```
<FRAMESET ROWS="20%,80%" border="1" frameborder="yes">
    <FRAME SRC="title.jsp" name="title">
    <frameset cols="30%,70%" frameborder="yes" border="1">
        <FRAME SRC="menu.jsp" name="menu">
        <FRAME SRC="content.jsp" name="content">
    </frameset>
</FRAMESET>
```

编写标题区页面 title.jsp，关键代码如下：

```
<%
    String user = session.getAttribute("user");
%>
<h1>欢迎<%=user.getUsername()%></h1>
```

编写菜单区页面 menu.jsp，关键代码如下：

```
<table>
    <tr>
        <td><a href="content1.jsp" target="content">功能1</a></td>
    </tr>
    <tr>
```

```
        <td><a href=#>功能2</a></td>
    </tr>
    ......
    <tr>
        <td><a href=#>功能n</a></td>
    </tr>
</table>
```

注意:菜单区页面实际上就是一些功能链接,现在这些链接还没有确定,在后面章节实现一个功能时,就修改该页面的一个链接并确定其功能名称。

编写功能内容起始页面content.jsp,这个页面并不是一个功能界面,只是一个内容首页,可以在里边写一些系统介绍等类似"打广告"的东西,关键代码如下:

欢迎使用新闻发布系统v0.1免费版

```
<br>
```

本页面是首页

运行后将上述几个页面放到工程WebContent下,发布工程,启动Web服务器后运行main.jsp,看到的效果如图6.5所示。

图6.5 主界面的运行效果

6.3 巩固与提高

1. 填空题

(1)需求分析阶段的研究对象是_____。

(2)需求分析是由分析员了解用户的要求,认真细致地调研。分析,最终应建立目标系统的逻辑模型并写出_____。

(3)在软件生命周期中,能准确地确定软件系统必须做什么和必须具备哪些功能的阶段是_____。

(4)需求分析阶段的任务是确定_____。

(5)用例图用于描述_____和用例或_____与用例之间的关系,着重展示系统必须实现的功能,用于在需求分析阶段分析客户需求。

(6)_____是与系统交互的人或事。

(7)_____是对包括变量在内的一组动作序列的描述,系统执行这些动作,并产生传递特定参与者的价值的可观察结果。

2. 选择题

(1)软件生命周期中所花费用最多的阶段是(　　)。

　　A.详细设计　　　B.软件编码　　　C.软件测试　　　D.软件维护

(2)在软件开发过程中,应该在(　　)阶段设计软件的界面,在(　　)阶段确定系统的功能点,(　　)贯穿整个开发过程。

　　A.需求分析　　　B.概要设计　　　C.详细设计　　　D.软件测试

(3)用户界面设计在工作流程上分为(　　)、(　　)、(　　)3个部分。

　　A.结构设计　　　B.交互设计　　　C.功能设计　　　D.视觉设计

(4)在数据库设计中,用 E-R 图来描述信息结构但不涉及信息在计算机中的表示,它是数据库设计的(　　)阶段。

　　A.需求分析　　　B.概念设计　　　C.逻辑设计　　　D.物理设计

(5)数据库(DB)、数据库系统(DBS)和数据库管理系统(DBMS)三者之间的关系是(　　)。

　　A.DBS 包括 DB 和 DBMS　　　　　B.DBMS 包括 DB 和 DBS

　　C.DB 包括 DBS 和 DBMS　　　　　D.DBS 就是 DB,也就是 DBMS

(6)关系数据库规范化是为解决关系数据库中(　　)问题而引入的。

　　A.插入、删除和数据冗余　　　　　B.提高查询速度

　　C.减少数据操作的复杂性　　　　　D.保证数据的安全性和完整性

(7)关系数据模型(　　)。

　　A.只能表示实体间的 1∶1 联系　　　B.只能表示实体间的 1∶n 联系

　　C.只能表示实体间的 m∶n 联系　　　D.可以表示实体间的上述三种联系

第七章 项目编码——新闻发布系统的编码阶段

7.1 实现注册功能

在本节将学习：

- 如何实现注册功能；
- 根据需求分析和设计实现注册功能。

注意：需求分析要和设计相吻合，若数据库表的设计与需求不一致，要根据需求进行修正。

7.1.1 编码如何开始

1. 根据需求确定界面样式

界面样式如图7.1所示。

图7.1 注册功能界面

2. 根据需求确定页面的有效性验证

用户名：不能为空。

密码：不能为空，位数6～18位，必须和确认密码相同才能提交。

性别：不能为空，必须选择。

3. 根据设计文档确定业务流程和程序流程

注册功能的业务流程如图7.2(a)所示。

注册功能的程序流程如图7.2(b)所示。

（a）   （b）

图 7.2   注册功能的业务流程

4. 确定代码存放位置

Java 代码存放如图 7.3 所示。

页面相关代码存放如图 7.4 所示。

5. 开始编码并确定技术难题，进行攻关

可能遇到的技术问题：

①页面验证中是否存在技术难题？

②服务器端验证是否存在技术难题？

③层与层之间数据传递是否存在技术难题？

④servlet 是否存在技术难题？

⑤数据库编程是否存在技术难题？

⑥业务逻辑处理是否存在技术难题？

⑦页面美化是否存在技术难题？

7.1.2   工作实施

1. 数据库和用户表的建立

在 mysql 数据库中创建名为 news 的数据库，再在数据库中创建如表 6.2 所示的用户表 user。

2. 注册功能前台页面的创建

编写注册验证文件 reg.js，关键代码如下：

图 7.3　注册功能 java 代码存放　　　图 7.4　页面相关代码存放

```
//验证用户名
if(f1.userid.value=="")|
    alert("用户名不能为空");
    return;
}
//验证密码
if(f1.password.value.length<6 || f1.password.value.length>
18)|
    alert("密码的长度必须在6—18位");
    return;
}
//验证两次密码是否相同
if(f1.password.value! =f1.password2.value)|
    alert("两次输入的密码必须相同");
    return;
}
```

```
                    //验证成功后跳转
            f1.submit();
```

编写注册页面 register.jsp，并链接注册验证文件。

编写失败页面 error.jsp，关键代码如下：

```
<h1>操作失败</h1>
```

请点击<input type="*button*"value="*返回*"onclick="javascript:history.back()">

3.注册功能后台类的创建

编写业务逻辑处理类 RegisterBean，关键代码如下：

```
public boolean registerUser(User user){
        //访问数据库
        DbHandle db =new DbHandle();
        String sql="insert into
user(username,password,sex,profession,favourite,note) " +

        "values('"+user.getUsername()+"','"+user.getPassword()+"',
'"+user.getSex()+"'," +


        "'"+user.getProfession()+"','"+user.getFavourite()+"','"+user.
getNote()+"')";
        int ret=db.executeUpdate(sql);
        //关闭数据库
        db.close();
        //注册成功返回 true,注册失败返回 false
        if(ret>0){
            return true;
        }
        else{
            return false;
        }
    }
}
```

编写流程控制类 RegisterServlet，应该注意 3 点：

第一，获取注册页面传来的数据，根据需求确定页面的有效性验证编写服务器端验证代码，关键代码如下：

```
//获取用户注册信息
String username = request.getParameter("username");
String password = request.getParameter("password");
String repassword = request.getParameter("repassword");
String sex=request.getParameter("sex");
```

```
String profession=request.getParameter("profession");
String[] temp=request.getParameterValues("favourite");
String favourite ="";
//处理爱好,将存放在数组中的爱好信息变成以逗号分开的字符串
for(int i=0;i<temp.length;i++){
    if(i==0){
        favourite = temp[0];
    }else{
        favourite = "," + temp[i];
    }
}
String note=request.getParameter("note");


//服务器端验证输入的数据格式是否正确
List<String> errorList =new ArrayList<String>();
if(username ==  null || username.equals("")){
    errorList.add("用户名不能为空!");
}


if(password == null || password.length()<6 || password.length()>
12){
    errorList.add("密码必须在6到12位之间!");
}
if(repassword == null || repassword.length()<6 ||
repassword.length()>12){
    errorList.add("确认密码必须在6到12位之间!");
}


if(password ! = null && repassword ! = null
&& ! password.equals(repassword)){
    errorList.add("密码和确认密码必须相等!");
}


if(! errorList.isEmpty()){
    request.getRequestDispatcher("error.jsp").forward(request,
response);
}
```

第二,如果服务器端代码验证不通过,则在错误页面 error. jsp 中输出错误信息,关键代

码如下：

```
<div>
    <%
        List<String> errorList =
(List<String>)request.getAttribute("errorList");
    %>
        <font color="red">你的输入有以下错误,请重新输入:</font><br>
    <%
        for(String error : errorList){
    %>
        <font color="red"><%=error%></font><br>
    <%
        }
    %>
</div>
```

第三,如果服务器端代码验证通过,则调用业务处理类 RegisterBean 进行注册,关键代码如下：

```
//调用业务处理类 RegisterBean 进行注册
RegisterBean registerBean =new RegisterBean();
boolean flag = registerBean.registerUser(user);
if(flag){
    //注册成功返回登录页面
    request.getRequestDispatcher("login/login.jsp").forward(request,
    response);
}else{
    //注册失败返回错误页面
    request.getRequestDispatcher("error.jsp").forward(request,response);
}
```

4. 修改配置文件

修改 web. xml 文件,增加注册功能的 Servlet 配置,关键代码如下：

```
<servlet>
<description></description>
<display-name>RegisterServlet</display-name>
<servlet-name>RegisterServlet</servlet-name>
<servlet-class>com.servlet.RegisterServlet</servlet-class>
</servlet>
```

```
<servlet-mapping>
  <servlet-name>RegisterServlet</servlet-name>
  <url-pattern>/RegisterServlet</url-pattern>
</servlet-mapping>
```

5. 调试输出

按照前面"确定代码存放位置"部分的相关内容将编写的代码存放好,发布工程,重启tomcat 服务器,确保数据库已经启动的情况下,在浏览器中运行 register.jsp,如图 7.1 所示,输入注册信息,注册成功后显示登录页面。

7.1.3 VO 的引入

ORM(Object Relational Mapping)是对象关系映射,通俗点讲,就是将对象与关系数据库绑定,用对象来表示关系数据。在 ORM 的世界里,有两个基本的东西需要了解,VO(Value Object)——值对象,PO(Persistent Object)——持久对象,这里着重了解 VO。

VO 的目的就是为数据提供一个生存的地方,通常用于层与层之间的数据传递,它是抽象出来的业务对象,可以与表结构对应,也可以不,这个根据业务的需要来决定。它们是由一组属性与属性的 get 和 set 方法组成。

为什么要引入 VO 呢?在层与层之间需要传递数据时,如果数据过多,肯定要在方法上多定义一些参数,代码看起来就很复杂,而在层与层之间通过传递 VO,可以减少调用的方法上面参数的定义,也明确地知道传递的是什么数据,从而优化代码,也便于以后系统的维护和扩展。

以注册功能为例子,首先创建一个 VO 对象 user,它的属性与数据库 user 表中的属性设置一致,关键代码如下:

```
//id
private int id;
//用户登录 id
private String username;
//密码
private String password;
//性别
private String sex;
//职业
private String profession;
//兴趣爱好
private String favourite;
//个人说明
private String note;
//用户类型
```

```
private String type;
//get set 方法省略
```

业务流程控制类 RegisterServlet 中，页面传来的用户数据从 request 对象中取出，新建一个 user 对象，将数据存放在 user 对象中，关键代码如下：

```
//获取用户注册信息
String username=request.getParameter("username");
String password=request.getParameter("password");
String sex=request.getParameter("sex");
String profession=request.getParameter("profession");
String[] temp=request.getParameterValues("favourite");
String favourite ="";
//处理爱好,将存放在数组中的爱好信息变成以逗号分开的字符串
for (int i=0;i<temp.length;i++){
    if(i==0){
        favourite = temp[0];
    }else{
        favourite = "," + temp[i];
    }
}
String note=request.getParameter("note");
//将用户信息存放在 User 中
User user =new User();
user.setUsername(username);
user.setPassword(password);
user.setSex(sex);
user.setProfession(profession);
user.setFavourite(favourite);
user.setNote(note);
```

业务流程控制类 RegisterServlet 向业务逻辑处理类 RegisterBean 传递数据时，通过调用 registerUser 方法将 user 对象传递到 RegisterBean 进行保存操作，关键代码如下：

```
RegisterBean registerBean =new RegisterBean();
boolean flag = registerBean.registerUser(user);
```

7.1.4 客户端验证和服务器端验证

表单的验证一般分为两种：客户端验证和服务器端验证。客户端验证基本上用脚本代码实现，如 Javascript 或 VBscript，直接在客户端执行验证，验证的过程中和服务器端没有任何的交互；服务器端验证则是将页面需要验证的数据发送到服务器端，由服务器端进行验证，并将验证的结果发送回客户端。

在对用户录入的信息都只在客户端进行验证,事实表明这个是很不安全的。一般来说,客户端验证不外乎就是在表单提交前使用 VBscript 或 Javascript 等对数据进行过滤,这对于大部分的用户来说是可行的。但是客户端验证不能代替服务器端验证,一旦用户设置浏览器禁止运行脚本代码,则所有客户端的验证都会失效,或者用户可以直接向服务器发 Http 请求(比如直接在地址栏中构造请求数据,绕过客户端浏览器检查来干坏事)。客户端校验是为了很好的客户端体验,服务器端校验是最后一次把关,防止恶意请求。因此,需要在编写网页时在客户端和服务器端都要进行数据验证。

然后将在 user 对象中存放的数据通过调用业务逻辑类 RegisterBean 的 register 方法,传递到业务逻辑类 RegisterBean 中,实现将数据插入到数据库的功能。关键代码如下:

```
// 调用业务处理类 RegisterBean 进行注册
RegisterBean registerBean =new RegisterBean();
boolean flag = registerBean.registerUser(user);
```

7.2 实现登录功能

在本节将学习:
- 根据需求分析和设计实现登录功能;
- 根据用户类型的不同进行不同页面处理;
- 全局常量类的使用。

输入登录用户 id、登录密码进行登录,要求:

有到注册功能的入口;在登录过程中根据用户的身份(一般用户、管理员)在登录成功后展现不同的主界面;把程序中经常用到的一些常量提取出来专门放到一个类中(定义为静态成员变量),便于统一管理和维护。

7.2.1 编码如何开始

1. 根据需求确定页面的样式

登录页面如图 7.5 所示。

图 7.5 登录功能界面

2. 根据设计文档确定业务流程和程序流程

登录功能的业务流程如图 7.6 所示。
登录功能的程序流程如图 7.7 所示。

图 7.6 登录功能的业务流程

图 7.7 登录功能的程序流程

3. 确定代码存放位置

登录功能的 Java 代码存放如图 7.8 所示。

登录功能的页面相关代码存放（包括登录页面和主界面）如图 7.9 所示。

4. 开始编码并确定技术难题，进行攻关

可能的问题有：

- 根据用户类型的不同进行不同菜单页面是否存在技术难题？
- 从登录页面中单击注册按钮跳转到注册页面是否存在技术难题？

图 7.8　Java 代码存放　　　　　　图 7.9　页面相关代码存放

7.2.2　工作实施

1. 登录功能前台页面的创建

编写登录页面 login.jsp，其中注册按钮提交使用 javascript 处理。

```
<input type="button" name="cmdCancel" value="注　册" class="default-
Button" onclick="onclick_reg('register/register.jsp');">
```

javascript 函数 onclick_reg 的关键代码：

```
function onclick_reg(url){
    login.action=url;
    login.submit();
}
```

编写登录成功页面，注意登录成功页面实际上就是进入主界面。

2. 登录功能后台类的创建

编写登录业务逻辑处理类 LoginBean. java，关键代码如下：

```java
public User login ( String username, String password ) throws
SQLException{
    //第一步：访问数据库
    DbHandle db =new DbHandle();
    String sql ="select * from user where username ='"+username+"'
and password='"+password+"'";
    ResultSet rs=db.executeQuery(sql);

    User user = new User();
    //第三步：将登录用户的信息封装 User 中
    if(rs.next()){
        int userid = rs.getInt("id");
        String username1 = rs.getString("username");
        String password1 = rs.getString("password");
        String sex = rs.getString("sex");
        String profession = rs.getString("profession");
        String favourite = rs.getString("favourite");
        String type = rs.getString("type");

        user.setId(userid);
        user.setUsername(username1);
        user.setPassword(password1);
        user.setSex(sex);
        user.setProfession(profession);
        user.setFavourite(favourite);
        user.setType(type);
        //关闭数据库
        db.close();
        return user;
    }
    else {
        //关闭数据库
        db.close();
        return null ;
    }
}
```

登录流程控制 servlet 类 LoginServlet. java,登录成功后将用户信息放到 session 中以便后续功能使用,关键代码如下:

```java
//调用业务处理类 LoginBean 进行登录
LoginBean loginBean = new LoginBean();
User user = new User();
try {
    user = loginBean.login(username,password);
    if(user! =null ){
        //如果登录成功,将登录用户的信息存放到 session 中,返回主界面
        request.getSession().setAttribute("user",user);
        request.getRequestDispatcher("main.jsp").forward(request,
response);
    }else {
        //登录不成功,返回登录界面继续登录

        request. getRequestDispatcher ( " login/ login. jsp"). forward
(request,response);
    }
}catch (SQLException e) {
    //TODO Auto-generated catch block
    System.out .println("登录时访问数据库失败");
    e.printStackTrace();
}
```

在菜单显示页面 menu. jsp 中,通过获取登录用户的类型从而控制菜单项的显示,管理员用户可以管理用户,针对注册用户进行删除、修改和查询,而普通用户不能进行管理。针对 menu. jsp 进行修改,关键代码如下:

```jsp
<%
        User user = (User)session.getAttribute("user");
        String type = user.getType();
        //如果当前登录用户为管理员,则具有管理用户权限
        if(user.getType().equals("1")){
            % >
            <tr>
                <td>
                    <a href ="user/queryUser.jsp " target ="content ">
用户管理</a>
                </td>
```

```
        </tr>
      <%
    }
%>
```

3. 修改配置文件

```xml
<servlet>
  <description></description>
  <display-name>LoginServlet</display-name>
  <servlet-name>LoginServlet</servlet-name>
  <servlet-class>com.servlet.LoginServlet</servlet-class>
</servlet>
<servlet-mapping>
  <servlet-name>LoginServlet</servlet-name>
  <url-pattern>/LoginServlet</url-pattern>
</servlet-mapping>
```

4. 调试输出

按照前面"确定代码存放位置"部分的相关内容将编写的代码存放好，发布工程，重启 tomcat 服务器，确保数据库已经启动的情况下，在用户表 user 中加入一条用户记录（比如：用户名：张三；密码：123；用户类型：0，代表一般用户），在浏览器中运行 login. jsp，输入用户名：张三，密码：123 后如图 7.10(a)所示；再修改用户表张三的记录，将用户类型修改为 1，代表管理员，重新登录，如图 7.10(b)所示。

（a）一般用户主界面　　　　　　　（b）管理员主界面

图 7.10　主界面

7.3　实现新闻发布功能

在本节将学习：

● 如何实现新闻发布功能。

实现新闻发布功能：管理员和已经注册的一般用户都可以发布新闻，发布内容包括新闻标题、纯文本的新闻正文、系统自动生成新闻编号、发布时间和发布者的用户 id。

7.3.1 编码如何开始

1. 根据需求确定界面样式

新闻发布界面样式如图 7.11 所示。

图 7.11 新闻发布界面

2. 根据需求确定页面的有效性验证

其中,页面中的新闻标题不能为空。

注意:其他验证可以自行增加。

3. 根据设计文档确定业务流程和程序流程

新闻发布功能的业务流程如图 7.12 所示。

图 7.12 新闻发布功能的业务流程

新闻发布功能的程序流程如图 7.13 所示。

4. 确定代码存放位置

Java 代码存放如图 7.14 所示。

页面相关代码存放如图 7.15 所示。

5. 开始编码并确定技术难题,进行攻关

可能遇到的技术问题有:

- 页面验证中是否存在技术难题?
- Servlet 是否存在技术难题?

图 7.13　新闻发布功能的程序流程

7.3.2　工作实施

1.新闻表的建立

按照表 6.1 所示创建新闻表。

2.新闻发布功能前台页面的创建

编写新闻发布页面 addNews.jsp,在此页面中需要注意两件事。第一,编写 Javascript 代码验证新闻标题的有效性,关键代码如下:

```
function onclick_cmdOk(form){
        if(form.title.value==""){
            alert("新闻标题不能为空！请输入...");
            return;
        }
        form.submit();
}
```

第二,编写发布页面时,只需要添加新闻标题和新闻内容两个属性,发布时间和发布人

图 7.14　新闻发布功能 Java 代码存放

图 7.15　新闻发布功能页面相关代码存放

可以在后台 Java 代码当中获取。

编写发布成功页面 queryNews.jsp,可以创建一个 Jsp 页面,然后在里面添加新闻查询页面,用来验证发布成功之后的跳转,具体的查询页面将在下一节中讲解,参考代码如下:

```
<h1>新闻查询页面</h1>
```

3. 新闻发布功能后台类的创建

编写 VO 对象 News.java,用来存放新闻信息,便于层与层之间数据传递,参考代码如下:

```
//id
private int id;
//标题
private String title;
//正文
private String content;
//用户 id
private int userid;
```

```
//发布时间
private String pubtime;
//属性的 get 和 set 方法省略
```

编写新闻发布业务逻辑处理类 AddNewsBean. java,关键代码如下:

```
public boolean addNews(News news){
    //访问数据库
    DbHandle db =new DbHandle();
    String sql ="insert into news(title,content,userid,pubtime) " +

        "values('"+news.getTitle()+"','"+news.getContent()+"','"+news.
getUserid()+"','"+news.getPubtime()+"')";
    int ret =db.executeUpdate(sql);
    //关闭数据库
    db.close();
    //添加成功返回 true,注册失败返回 false
    if(ret>0){
        return true ;
    }else {
        return false ;
        }
}
```

编写新闻发布流程控制 Servlet 类 AddNewsServlet. java,这里主要有三个步骤:

第一,从 request 对象中将存放的新闻信息取出,然后存放在 news 对象中,发布时间通过 Java 代码去系统的当前时间,发布人 id 从 session 中取出当前登录用户的 id,关键代码如下:

```
//获取页面的新闻内容
String title = request.getParameter("title");
String content = request.getParameter("content");
//发布时间为当前的系统时间
Date date =new Date();
SimpleDateFormat sf =new SimpleDateFormat("yyyy-MM-dd hh:ss:mm");
String pubtime = sf.format(date);
//发布人
User user = (User) request.getSession().getAttribute("user");
int userid = user.getId();

//将新闻信息封装在 news 中
News news =new News();
news.setTitle(title);
```

```
news.setContent(content);
news.setUserid(userid);
news.setPubtime(pubtime);
```

第二,根据新闻发布页面的有效性验证编写服务器端验证代码,如果验证不通过,跳转到错误页面 error.jsp,关键代码如下:

```
//服务器端验证
List<String> errorList =new ArrayList<String>();
if(title == null || title.equals("")){
    errorList.add("新闻标题不能为空!");
}
if(! errorList.isEmpty()){
    request.setAttribute("errorList",errorList);
    request.getRequestDispatcher("error.jsp").forward(request,re-
sponse);
}
```

第三,如果服务器端验证通过,调用业务处理类 AddNewsBean 保存新闻信息,关键代码如下:

```
//调用业务处理类 AddNewsBean 保存新闻信息
AddNewsBean addNewsBean =new AddNewsBean();
boolean flag = addNewsBean.addNews(news);
if(flag){
    request.getRequestDispatcher ("news/queryNews.jsp"). forward
(request,response);
}else {
    request.getRequestDispatcher("error.jsp").forward(request,re-
sponse);
}
```

4.修改配置文件

增加新闻发布功能的 Servlet,关键代码如下:

```
<servlet>
    <description></description>
    <display-name>AddNewsServlet</display-name>
    <servlet-name>AddNewsServlet</servlet-name>
    <servlet-class>com.servlet.AddNewsServlet</servlet-class>
</servlet>
<servlet-mapping>
    <servlet-name>AddNewsServlet</servlet-name>
    <url-pattern>/AddNewsServlet</url-pattern>
```

```
</servlet-mapping>
```

5. 调试输出

　　按照前面"确定代码存放位置"的相关内容存放代码，发布工程，重启 Web 服务器，确保数据库已启动，在浏览器中打开登录页面以张三身份登录（如图 7.16 所示），登录后单击菜单中的新闻发布链接（如图 7.17 所示），在随后出现的新闻发布界面中输入新闻标题：测试；新闻正文：您好（如图 7.18 所示）。输入完毕提交，成功后回到新闻查询界面，查看数据库，新闻表中已有记录，此时发布成功，若数据库未启动或驱动程序未加载或 SQL 语句有误，则失败（如图 7.19 所示）。

图 7.16　新闻发布-登录

图 7.17　新闻发布-点击发布新闻链接

图 7.18　新闻发布-编写

图 7.19　新闻发布-失败

7.4　实现新闻查询功能

　　在本节将学习：
- 根据需求分析和设计实现新闻查询功能；
- 查询数据在前台业务中的动态展现。

　　根据新闻标题或者发布人查询出新闻内容，以列表显示，在显示的列表中，根据用户的权限，要提供给用户对每一条记录进行查看、修改和删除的操作入口。

　　任务问题：如何将后台查询的数据展现到前台页面？

　　管理员没有操作权限的限制；一般用户对于查询出来的新闻是有操作权限限制的，可以查看所有新闻，可以修改、删除自己的新闻，不能修改和删除他人编写的新闻，那么，新闻的操作权限应如何处理呢？

7.4.1 编码如何开始

1. 根据需求确定界面样式

界面样式如图 7.20 所示。

图 7.20 新闻查询界面

2. 根据设计文档确定业务流程和程序流程

新闻查询功能的业务流程如图 7.21 所示。

图 7.21 新闻查询功能的业务流程

新闻查询功能的程序流程如图 7.22 所示。

图 7.22 新闻查询功能的程序流程

3. 确定代码存放位置

Java 代码存放如图 7.23 所示。

页面相关代码存放如图 7.24 所示。

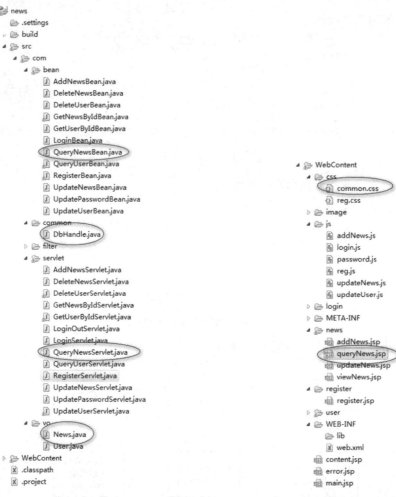

图 7.23　新闻查询功能的 Java 代码存放　　　图 7.24　新闻查询功能的页面相关代码存放

4. 开始编码并确定技术难题，进行攻关

可能遇到的技术问题有：

- 查询结果在页面上显示处理是否存在技术难题？
- 新闻的操作权限的处理是否存在技术难题？

7.4.2　查询结果数据在前台页面中的显示

1. 处理思路

如图 7.25 所示，首先，从数据库中查询出来的结果存放在一个 List 集合的对象中；其次，将这个 List 集合的对象放到 request 中；再次，当程序跳转到前台数据展现页面时，在展现页面中嵌入 Java 代码，从 request 中取出 List 集合的对象；最后，循环遍历该对象，生成表格数据。

图 7.25 查询结果在前台页面显示的处理思路

2. 后台查询数据的封装

首先创建 List 集合对象，在创建集合对象时，指定集合中存放的数据类型为 News，也就是在新闻发布功能编写时创建的值对象，它的结构和关系数据库中 news 表的结构相似，将数据从数据库查询出后，将每条数据的信息放在 news 对象中，最后将 news 对象添加到 List 集合中，代码如下：

```
ResultSet rs=db.executeQuery(sql);
List<News> newsList =new ArrayList<News>();
//循环查询结果，将数据存放在list集合中
while(rs.next()){
    String title1 = rs.getString("title");
    int userid = rs.getInt("userid");
    String username1 = rs.getString("username");
    String pubtime = rs.getString("pubtime");
    String content = rs.getString("content");
    int id=rs.getInt("id");

    News news = new News();
    news.setId(id);
    news.setTitle(title1);
    news.setContent(content);
    news.setUserid(userid);
    news.setUsername(username1);
    news.setPubtime(pubtime);

    newsList.add(news);
}
```

3. 前台处理

首先，在页面中嵌入 Java 代码获得 request 中存放的数据结果对象，该对象是在后台封装好数据之后已经存放到 request 中的。

然后,在页面中显示数据结果的表格里边再次嵌入 Java 代码并混合 html 标签进行循环处理,整个处理过程的伪代码如下:

```
<% if(查询结果!=null){ //当 request 中有查询结果才循环处理,没有不处理
//遍历查询结果循环生成表格数据,每次循环生成一行数据
for(int i=0;i<查询结果的记录数;i++){%>
<--在循环体中加入表格相关标签生成一行数据
<tr>
<td ><%=取出查询结果第 i 个记录字段 1 的值%></td>
<td ><%=取出查询结果第 i 条记录字段 2 的值%></td>
......
<td ><%=取出查询结果第 i 条记录字段 n 的值%></td>
</tr>
<%}//循环结束右大括号
}//if 条件结束右大括号%>
```

注意:从逻辑上看 Java 循环语句里嵌套了表格相关标签,但实际上是不嵌套的。

7.4.3 新闻的操作权限处理

所谓操作权限处理,实际上是根据用户类型决定在界面上提供给用户的功能操作入口的多少,如用户具备修改的权限,则在界面中提供修改的入口,否则不提供。

操作权限的处理思路:在登录时,在 session 中记录下登录的用户名和权限,在查询结果页面中从 session 里获得该用户名和权限与查询的数据进行对比分析,若有权限,则在查询结果列表中的每条记录后显示可以操作的链接(如查看、修改、删除),没有权限则不显示,如图 7.26 所示。

图 7.26 操作权限的处理-李四的操作权限

操作权限前台页面实现的伪代码如下:

```
<% //判断用户的权限,若是管理员或者本人发布的新闻才有删除和修改的操作
if(是管理员||当前新闻的发布人与登录的用户名一致){%>
<a href=修改功能的链接地址>修改</a>
<a href=删除功能的链接地址>删除</a>
<%}%>
```

7.4.4 工作实施

1.新闻查询功能前台页面的创建

修改查询页 QueryNews.jsp,需要注意两个地方。一是要获取 session 中用户信息(登录的用户名、用户类型),request 对象的查询结果数据;二是根据获得的相关数据循环生成查询

结果列表,关键代码如下:

```
<%
    //显示查询结果
    List<News> newsList = (List<News>)request.getAttribute("ne-
wsList");
    if(newsList! =null){
        for(int i=0;i<newsList.size();i++){
            News news = newsList.get(i);
%>
<tr>
    <td class="cardOddlineLabel"><% =news.getId() % ></td>
    <td class="cardOddlineLabel"><% =news.getTitle() % ></td>
    <td class="cardOddlineLabel"><% =news.getUsername() % ></td>
    <td class="cardOddlineLabel"><% =news.getPubtime() % ></td>
    <td class="cardOddlineLabel" colspan="3">
    <%
        User user = (User)session.getAttribute("user");
        String type = user.getType();
        // 如果当前登录用户为管理员或者当前登录用户就是该条新闻的发布人,则
具有查看、修改和删除权限,否则只有查看权限

        if(user.getType().equals("1")||user.getId()= =news.getUserid()){
        % >
        <a href="GetNewsByIdServlet? opration=view&id=<% =news.
getId() % >">查看</a>
    <a href="GetNewsByIdServlet? opration=update&id=<% =news.getId
() % >">修改</a>
    <a href="DeleteNewsServlet? id=<% =news.getId() % >">删除</a>
        <%
            }else {
        % >
    <a href="GetNewsByIdServlet? opration=view&id=<% =news.getId()
% >">查看</a>
            <%
            }
        % >
    < /td>
</tr>
```

```
<%
            }
        }
%>
```

2. 新闻查询功能后台类的创建

编写查询业务逻辑处理类 QueryNewsBean，该类的 queryNews 方法主要有两个步骤。

一是编写 sql 语句，关键代码如下：

```
//组装sql语句
String sql ="select * from news n left join user u on n.userid=u.id
where 1=1";
if(username! =null&&username.length()>0){
    sql = sql + " and u.username like '% "+username+"% ' ";
}


if(title! =null&&title.length()>0){
    sql = sql + " and n.title like '% "+title+"% '";
}
```

注意：sql 变量中的"where 1=1"是编程技巧，有利于 sql 的编写。

二是进行数据库查询，取出查询数据，并且将数据循环转换到 List 集合对象中，关键代码如下：

```
ResultSet rs=db.executeQuery(sql);
List<News> newsList =new ArrayList<News>();
//循环查询结果,将数据存放在list集合中
while(rs.next()){
    String title1 = rs.getString("title");
    int userid = rs.getInt("userid");
    String username1 = rs.getString("username");
    String pubtime = rs.getString("pubtime");
    String content = rs.getString("content");
    int id=rs.getInt("id");

    News news = new News();
    news.setId(id);
    news.setTitle(title1);
    news.setContent(content);
    news.setUserid(userid);
    news.setUsername(username1);
    news.setPubtime(pubtime);
```

```
        newsList.add(news)
    }
```

3. 修改配置文件

在 web.xml 中增加查询 Servlet 配置,关键代码如下:

```xml
<servlet>
  <description></description>
  <display-name>QueryNewsServlet</display-name>
  <servlet-name>QueryNewsServlet</servlet-name>
  <servlet-class>com.servlet.QueryNewsServlet</servlet-class>
</servlet>
<servlet-mapping>
  <servlet-name>QueryNewsServlet</servlet-name>
  <url-pattern>/QueryNewsServlet</url-pattern>
</servlet-mapping>
```

4. 调试输出

按照前面"确定代码存放位置"的相关内容存放代码,发布工程,重启 Web 服务器,在新闻表中加入一条发布人为李四的新闻,在浏览器中以张三身份(一般用户)登录,如图 7.27 所示,登录后单击菜单中的新闻查询链接,如图 7.27 所示,在随后出现的新闻查询界面中不输条件查询,如图 7.28 所示,查询成功后显示查询结果,如图 7.29 所示,查询失败显示失败页面,如图 7.30 所示,再将张三身份改为管理员,重新登录后查询,如图 7.31 所示。(输条件查询的操作类似,故省略)

图 7.27 新闻查询-单击查看新闻链接   图 7.28 新闻查询-查询操作

图 7.29 新闻查询-查询结果(一般用户)   图 7.30 新闻查询-查询失败

图 7.31 新闻查询-查询结果（管理员用户）

7.5 实现新闻详情查看功能

在本节将学习：

- 根据需求分析和设计实现新闻详情查看功能；
- 会在调用 Servlet 的时候传递参数。

在新闻查询的结果页面中单击某条记录后边的查看链接，进入到该条记录的详情查看界面，在详情界面中展现该条新闻的详细信息。

任务分析：在新闻查询结果页面中单击某新闻后边的查看链接时，如何让详情查看界面知道要展现哪条新闻详情？通常做法是通过链接调用后台 Servlet（此时链接地址是一个 Servlet 地址不是某个页面地址），在调用的同时传一个参数（记录的 id），后台 Servlet 接收到参数后根据 id 查询出该记录的所有信息，然后反馈给详情界面进行显示。

任务问题：如何调用 Servlet 的同时传递参数？

7.5.1 编码如何开始

1. 根据需求确定界面样式

界面样式如图 7.32 所示。

图 7.32 详情查看界面

2. 根据设计文档确定业务流程和程序流程

详情查看功能的业务流程如图 7.33 所示。

详情查看功能的程序流程如图 7.34 所示。

图 7.33　详情查看功能的业务流程

图 7.34　详情查看功能的程序流程

3. 确定代码存放位置

Java 代码存放如图 7.35 所示。

页面相关代码存放如图 7.36 所示。

4. 开始编码并确定技术难题，进行攻关

可能遇到的技术问题有：

- 查询结果在页面上显示处理是否存在技术难题？
- 带参数调用 Servlet 是否存在技术难题？

图 7.35　详情查看功能的 Java 代码存放　　　图 7.36　详情查看功能的页面相关代码存放

7.5.2　工作实施

1. 新闻详情查看功能前台页面的创建

调用 Servlet 时是如何传递参数的呢？

①调用 Servlet 的 URL 格式。

/工程名/servlet 映射地址

其中，工程名是在 Eclipse 中一开始创建"web project"时取的名字；Servlet 映射地址是在 web.xml 文件中定义的 Servlet 映射地址；工程名前边的斜杠"/"不可少，它代表的是 Web 服务器根地址。

②给调用的 Servlet 传递参数。

传递参数，其实就是在调用 Servlet 的 URL 后边加上一段代码：

servlet 地址？参数名 1＝参数值 1& 参数名 2＝参数值 2…

其中，Servlet 地址就是前面调用 Servlet 的 URL；"？"是关键字，表示后面是传递的参数，不是地址;"参数名＝参数值"是传递参数的一种格式,参数名是传递参数的时候自己取的一个名字,＝号后边的参数值就是该参数的值,该值传给 Servlet 之后,可以通过 request. getParameter("参数名")获得对应的参数值;若要传递多个参数,前一个参数与后一个参数之间用 & 隔开,后边没有参数的时候无须加 &。

例如,工程名为 news,servlet 映射地址为/GetNewsByIdServlet,传递的参数名 id,值 1,代码如下:

```
/news/GetNewsByIdServlet?id=1
```

利用以上知识来创建前台页面。

修改查询页面 newsQuery. jsp 中的查看链接,代码如下:

```
<a href="GetNewsByIdServlet?opration=view&id=<%=news.getId()
%>">查看</a>
```

编写查看详情页面 viewNews. jsp,要注意以下两点。

一是要获得后台处理的新闻信息,关键代码如下:

```
<%
    News news =  (News)request.getAttribute("news");
%>
```

二是要限制用户修改数据,因为该功能是查看,关键代码(以新闻标题为例)如下:

```
<input type=text class="defaultInput" name='title' readonly=
"readonly" value="<% = news.getTitle() %>">
```

2. 新闻详情查看功能后台类的创建

编写查询业务逻辑处理类 GetNewsByIdBean 该类的处理与查询的业务逻辑差不多,只是根据新闻 id 查询一条数据,封装一条数据,代码如下:

```
public News getNewsById(int id) throws SQLException{
    //访问数据库
    DbHandle db=new DbHandle();
    String sql = "select * from news n left join user u on n.userid=
u.id where n.id="+id;

    ResultSet rs=db.executeQuery(sql);
    //新建 news 对象
    News news = new News();
    //将数据存放在 news 中
    if(rs.next()){
        String title = rs.getString("title");
        int userid = rs.getInt("userid");
        String username = rs.getString("username");
        String pubtime = rs.getString("pubtime");
```

```java
        String content = rs.getString("content");
        int id1 = rs.getInt("id");

        news.setId(id1);
        news.setTitle(title);
        news.setContent(content);
        news.setUserid(userid);
        news.setUsername(username);
        news.setPubtime(pubtime);

    }
    //关闭数据库
    db.close();

    return news;

}
```

编写查询流程控制 servlet 类 GetNewsByIdServlet，关键代码如下：

```java
//获取新闻 id
int id = Integer.valueOf(request.getParameter("id"));
//调用业务处理类 GetNewsByIdBean 查询新闻信息
GetNewsByIdBean getNewsByIdBean = new GetNewsByIdBean();
News news = null;
try {
    news = getNewsByIdBean.getNewsById(id);
} catch (SQLException e) {
    //TODO Auto-generated catch block
    System.out.println("根据 id 查询当前的新闻信息失败");
    e.printStackTrace();
}
//将 news 对象存放在 request 对象中
request.setAttribute("news", news);
String opration = request.getParameter("opration");
request.getRequestDispatcher("news/viewNews.jsp").forward(request,
response);
```

（3）修改配置文件

详情查看的 Servlet 配置，关键代码如下：

```xml
<servlet>
```

```
  <description></description>
    <display-name>GetNewsByIdServlet</display-name>
    <servlet-name>GetNewsByIdServlet</servlet-name>
    <servlet-class>com.servlet.GetNewsByIdServlet</servlet-class>
</servlet>
<servlet-mapping>
    <servlet-name>GetNewsByIdServlet</servlet-name>
    <url-pattern>/GetNewsByIdServlet</url-pattern>
</servlet-mapping>
```

（4）调试输出

按照前面"确定代码存放位置"的相关内容存放代码,发布工程,重启 Web 服务器,确保数据库已启动,在浏览器中以张三身份登录,登录后进行新闻查询,在随后的新闻查询界面中不输条件查询提交,查询成功后在查询结果中单击张三记录后的查看链接页面,如图 7.37 所示;随后出现详情查看界面,如图 7.38 所示;若查看失败出现失败界面,如图 7.39 所示。

图 7.37　新闻详情查看-点击查看新闻链接

图 7.38　新闻详情查看-查看新闻

图 7.39　新闻详情查看-查看失败

7.6　实现新闻修改功能

在本节将学习：

● 根据需求分析和设计实现新闻修改功能。

在新闻查询的结果页面中单击某条记录后边的修改链接,进入到该条记录的修改操作界面,在修改操作界面中展现该条新闻的详细信息并提供修改处理。

任务分析:该功能处理流程与新闻详情查看差不多,只是在修改操作界面中能够让用户修改并能够保存到数据库中。

7.6.1 编码如何开始

1. 根据需求确定界面样式

界面样式如图7.40所示。

图7.40　新闻修改界面

2. 根据需求确定页面的有效性验证

- 新闻标题:不能为空。
- 新闻编号:用户不能修改。
- 发布人:用户不能修改,由系统修改。
- 发布时间:用户不能修改,由系统修改。

3. 根据设计文档确定业务流程和程序流程

新闻修改功能的业务流程如图7.41所示。

图7.41　新闻修改功能的业务流程

新闻修改功能的程序流程如图7.42所示,修改新闻信息之前,要先将需要修改的新闻信息查询出来显示到新闻修改页面 updateNews.jsp,然后在修改页面输入需要修改的数据,再修改新闻。所以,显示要修改的新闻信息和新闻查看功能类似,只是查询之后显示的页面不同,可以共用一些代码,对后台返回页面跳转代码做一些细小的修改即可。

图 7.42 新闻修改功能的程序流程

4. 确定代码存放位置

Java 代码存放如图 7.43 所示。

页面相关代码存放如图 7.44 所示。

5. 开始编码并确定技术难题,进行攻关

可能遇到的技术问题有:

- 页面验证中是否存在技术难题?
- 数据库更新的编程是否存在技术难题?

7.6.2 工作实施

1. 新闻修改功能前台页面的创建

修改查询页面 queryNews.jsp 中的修改链接,因为新闻修改功能首先要从查询页面单击修改链接之后将新闻信息显示在修改页面,这个功能和新闻查看功能是一样的,所以代码可以共用。和新闻查看功能一样都要使用到 GetNewsByIdServlet 业务流程控制类查询新闻信息,为了区分查询之后跳转到查看页面还是跳转页面,在链接上添加一个操作参数 operation 进行区分,operation=view 为查看,operation=update 为修改,代码如下:

图 7.43　新闻修改功能 Java 代码存放　　　图 7.44　新闻修改功能页面相关代码存放

```
<a href="GetNewsByIdServlet?operation=update&id=<%=news.getId
()%>">修改</a>
<a href="GetNewsByIdServlet?operation=view&id=<%=news.getId
()%>">查看</a>
```

修改 GetNewsByIdServlet 业务流程控制,根据获取的 operattion 参数的值的不同,跳转到不同的页面,代码如下:

```
String operation = request.getParameter("operation");
//根据操作符判断跳转页面
if(operation.equals("view")){
    request.getRequestDispatcher("user/viewUser.jsp").forward(re-
quest,response);
}
if(opration.equals("update")){
    request.getRequestDispatcher("user/updateUser.jsp").forward
```

```
(request,response);
    }
```

编写修改页面 updateNews. jsp,该页面类似详情查看,只是多了修改验证和修改提交按钮,修改验证的关键代码如下:

```
function onclick_cmdOk(form){
    if(form.title.value=="" ){
        alert("新闻标题不能为空! 请输入...");
        return;
    }
    form.submit();
}
```

提交按钮的关键代码如下:

```
<input type="button" name="cmdOK" value="提  交
    class="defaultButton" onclick="onclick_cmdOk(this.form);">
```

2. 新闻修改功能后台类的创建

根据程序流程分成两个环节,第一环节是修改前查看数据,这在前面的内容中已经介绍了,第二是修改新闻信息。编写业务逻辑处理类 UpdateNewsBean 的关键代码如下:

```
public boolean updateNews(News news){
//访问数据库
DbHandle db =new DbHandle();
String sql ="update news set
title='"+news.getTitle()+"' ,content ='"+news.getContent()+"' ," +

        "userid='"+news.getUserid()+"' ,pubtime='"+news.getPubtime()+"' " +
            "where id ="+news.getId();
int ret =db.executeUpdate(sql);
//关闭数据库
db.close();
//修改成功返回 true,修改失败返回 false
if (ret>0){
    return true ;
}else{
    return false ;
}

}
```

编写流程控制 servlet 类 UpdateNewsServlet,这里主要有三个步骤。

第一,获取页面传来的新闻信息,并且存放在值对象 news 中,关键代码如下:

```
//获取页面的新闻内容
String title = request.getParameter("title");
String content = request.getParameter("content");
int id = Integer.valueOf (request.getParameter("id"));
//发布时间修改为当前的系统时间
Date date = new Date();
SimpleDateFormat sf =new SimpleDateFormat("yyyy-MM-dd hh:ss:mm");
String pubtime = sf.format(date);
//发布人修改为当前的登录用户
User user = (User) request.getSession().getAttribute("user");
int userid = user.getId();


//将新闻信息封装在 news 中
News news = new News();
news.setId(id);
news.setTitle(title);
news.setContent(content);
news.setUserid(userid);
news.setPubtime(pubtime);
```

第二,根据新闻修改页面的有效性验证编写服务器端验证代码,如果验证不通过,跳转到错误页面 error.jsp 显示错误信息,关键代码如下:

```
//服务器端验证
List<String> errorList =new ArrayList<String>();
if (title == null || title.equals("")){
    errorList.add("新闻标题不能为空!");
}
if (! errorList.isEmpty()){
    request.setAttribute("errorList",errorList);
     request.getRequestDispatcher("error.jsp").forward(request,
response);
}
```

第三,如果验证通过,则调用新闻修改业务逻辑类 UpdateNewsBean 进行修改,关键代码如下:

```
//调用业务处理类 AddNewsBean 保存新闻信息
UpdateNewsBean updateNewsBean =new UpdateNewsBean();
boolean flag = updateNewsBean.updateNews(news);
if (flag){
```

```
    request.getRequestDispatcher("news/queryNews.jsp").forward
(request,response);
}else{
    request.getRequestDispatcher("error.jsp").forward(request,re-
sponse);
}
```

3.修改配置文件

增加两个环节对应的 servlet 的配置,关键代码如下:

```
<servlet>
  <description></description>
  <display-name>UpdateNewsServlet</display-name>
  <servlet-name>UpdateNewsServlet</servlet-name>
  <servlet-class>com.servlet.UpdateNewsServlet</servlet-class>
</servlet>
<servlet-mapping>
  <servlet-name>UpdateNewsServlet</servlet-name>
  <url-pattern>/UpdateNewsServlet</url-pattern>
</servlet-mapping>
```

4.调试输出

按照前面"确定代码存放位置"的相关内容存放代码,发布工程,重启 Web 服务器,确保数据库已启动,在浏览器中以张三身份登录,登录后进行新闻查询,如图 7.45 所示,在随后的新闻查询界面中不输条件查询,查询成功后在查询结果中单击张三记录后的修改链接页面(如图 7.46 所示),随后出现修改界面,若查看失败出现失败界面,如图 7.47 所示。

图 7.45 新闻修改-点击新闻修改链接

图 7.46 新闻修改-修改界面

操作失败

请点击 返回

图 7.47 新闻详情查看-查看失败

7.7 实现新闻删除功能

在本节将学习：

● 根据需求分析和设计实现新闻删除功能。

在新闻查询的结果页面中单击某条记录后边的删除链接，将该记录从数据库中直接删除。

任务分析：删除的业务逻辑并不复杂，从前台传入一个新闻 id 到后台就可以根据 id 从数据库中删除对应的新闻了，但是从数据库中删除后，页面上的内容并不会自动删除，需要在删除成功后再编写代码进行一次刷新的操作。

7.7.1 编码如何开始

1. 根据需求确定界面样式

删除功能无须专门的操作界面，只需在查询结果中有删除链接，如图 7.48 所示。

图 7.48 查询结果中的删除链接

2. 根据设计文档确定业务流程和程序流程

新闻删除功能的业务流程如图 7.49 所示。

图 7.49 新闻删除功能业务流程

新闻删除功能的程序流程如图 7.50 所示。

图7.50 新闻删除功能程序流程

3. 确定代码存放位置

Java 代码存放如图7.51所示。

页面相关代码存放如图7.52所示。

4. 开始编码并确定技术难题, 进行攻关

可能遇到的技术问题有:

- 数据库表记录的删除是否存在难题?
- 如何处理删除记录后的页面自动刷新问题?

7.7.2 工作实施

1. 新闻删除功能前台页面的创建

修改查询页面 queryNews. jsp 中的删除链接, 关键代码如下:

```
<a href ="DeleteNewsServlet?id=<%=news.getId()% >">删除</a>
```

2. 新闻删除功能后台类的创建

删除业务逻辑处理类 DeleteUserBean. java, 关键代码如下:

```
public boolean deleteNews(int id){
    //数据库操作的工具类
    DbHandle db = new DbHandle();
```

图 7.51　新闻删除功能 Java 代码存放

图 7.52　新闻删除功能页面相关代码存放

```
db.getConnection();
String sql = "delete from user where id='"+id+"'";
int ret = db.executeUpdate(sql);
//关闭数据库
db.close();
//删除成功返回 true,删除失败返回 false
if(ret>0){
    return true;
}else{
    return false;
}
}
```

3. 修改配置文件

其关键代码如下:

```
<servlet>
    <description></description>
    <display-name>DeleteNewsServlet</display-name>
    <servlet-name>DeleteNewsServlet</servlet-name>
    <servlet-class>com.servlet.DeleteNewsServlet</servlet-class>
</servlet>
<servlet-mapping>
    <servlet-name>DeleteNewsServlet</servlet-name>
    <url-pattern>/DeleteNewsServlet</url-pattern>
</servlet-mapping>
```

4. 调试输出

按照前面"确定代码存放位置"的相关内容存放代码,发布工程,重启 Web 服务器,确保数据库已启动,在浏览器中以张三身份登录,登录后进行新闻查询,在随后的新闻查询界面中不输条件查询,查询成功后在查询结果中单击张三记录后的删除链接页面,如图 7.53 所示,删除成功后将自动刷新查询结果页面;删除失败跳转到失败界面。

图 7.53　删除成功后的页面

7.8　巩固与提高

1. 填空题

(1)将编号为 5 的新闻标题设置成"×××软件学院学生新闻"(写出 SQL 语句)。

_____。

(2)将编号为 9 的新闻标题设置成"××新闻",新闻正文设置为××学院学生×××在全国软件设计比赛中荣获一等奖"(写出 SQL 语句)。

_____。

(3)查询用户名为"admin"的用户发布的新闻条数(写出 SQL 语句)。

_____。

(4)查询每天发布的新闻条数(写出 SQL 语句)。

_____。

(5)求所有新闻条数(写出 SQL 语句)。

_____。

(6)查询最近发布的 10 条新闻信息(写出 SQL 语句)。

_____。

(7)查询所有新闻信息以及发布人的职业(写出 SQL 语句)。

_____。

2. 操作题

(1)编写代码实现对任意给定的字符串的每个字符加 1 的算法,如字符串"aefdh"实现后变成"bfgei"。

(2)用(1)题中的算法实现对注册和登录功能中输入的密码进行加密。

(3)实现当新闻发布成功后,在新闻发布页面给出提示效果,如图 7.54 和图 7.55 所示。

图 7.54　发布新闻

图 7.55　发布新闻成功后显示效果

(4)改查询功能实现能根据新闻标题进行模糊查询,如图 7.56 所示,在新闻标题中输入软件技术系能查询出标题中包含有软件技术系的所有新闻。

图 7.56　新闻标题进行模糊查询

(5)实现当新闻标题字符较多时只显示部分数据,只有鼠标移动到对应列位置时显示所有标题信息,如图 7.57 所示。

图 7.57　查询结果显示部分数据

（6）实现查询结果按用户名分组显示，效果如图 7.58 所示。

图 7.58　查询结果按用户名分组显示

（7）实现单击任何一条记录所在行的任何一个位置时都能查看该条新闻详情。

（8）增加用户发布新闻条数统计查询每个用户发布的新闻条数，效果如图 7.59 所示。

图 7.59　用户发布新闻条数统计

（9）实现单击删除时给出提示让用户确定是否删除，效果如图 7.60 所示。

图 7.60　是否删除

如果用户单击取消就不删除信息，单击确定才删除对应信息。

（10）实现删除用户信息后显示满足删除前查询条件的数据,效果如图 7.61,图 7.62 所示。

图 7.61　删除前

图 7.62　删除后

第八章 项目完善——欢迎页、错误页

8.1 欢迎页、错误页

在本节将学习:

- 欢迎页的设置;
- 错误页的设置。

完善项目,增加以下的处理:

- 欢迎页的设置:用户只需输入工程地址就可以到达登录页面。
- 错误页的设置:在操作发生 404 或者 500 等错误时给用户显示一个友好的错误提示界面。
- 限制用户非法访问的处理:限制用户绕过登录,直接访问功能页面,后台 Servlet 程序。

8.1.1 欢迎页的设置

1. 欢迎页的作用

简化用户的地址输入操作,当网站开发人员将网站首页设置为欢迎页后,用户要浏览网站,只需在浏览器中输入网站的地址,而无须知道网站首页的地址就可以自动访问网站的首页。

例如,输入:http://localhost:8080/工程名/。若设置了欢迎页的话,程序将自动跳转到:http://localhost:8080/工程名/欢迎页面。

2. 欢迎页的设置

在 web.xml 的<web-app></web-app> 内加入以下代码:

```
<welcome-file-list>
    <welcome-file>欢迎页的地址< /welcome-file>
</welcome-file-list>
```

注意:修改了 web.xml 之后要重启 Web 服务器。

8.1.2 错误页的设置

1. 错误页的作用

考虑如下的情形:在发生 404 和 500 等错误的时候,Web 服务器会自动在页面上显示一些错误信息,这些信息对用户来说是不友好的;能不能不显示这些系统产生的错误信息给用户看,取而代之定制一个显示比较友好的错误信息页面展现给用户呢? 错误页就能解决上述这个问题。

　　注意:关于 http 的错误编号。404:找不到文件;500:服务器内部出错(一般执行的代码有问题)。

2. 错误页的设置

　　首先针对 404 或者 500 等的错误分别制作一个界面友好的出错提示页面,然后将错误编号和错误页面地址填写到 Web. xml 文件中的恰当位置。

　　在 web. xml 的<web-app></web-app> 内加入以下代码:

```
<error-page>
    <error-code>错误编号</error-code>
    <location>错误页面地址</location>
</error-page>
```

3. 设置的生效

　　在 IE5 以上版本中有缺省配置,它忽略了服务器生成的错误消息,而是显示自己的标准出错信息,这会造成我们工程中 web. xml 的错误页面设置未生效。

　　解决办法(除去 IE 的配置):选择工具菜单→Internet 选项,单击高级 Tab 页,去掉显示友好的 HTTP 错误信息前面的勾,如图 8.1 所示。

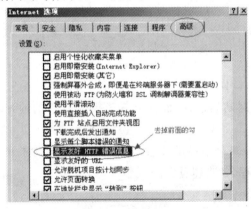

图 8.1　去掉 IE 中的错误页面配置

4. 开始编码并确定技术难题,进行攻关

8.1.3　工作实施

1. 把登录页面设置为整个系统的欢迎页

　　确定登录页面的地址,在 web. xml 文件恰当位置加入以下代码:

```
<welcome-file-list>
    <welcome-file>/login/login.jsp</welcome-file>
</welcome-file-list>
```

注意:欢迎页地址中的第一个斜杠"/"代表的是工程中的 WebContent 目录。

2. 为访问页面时出现的 404 和 500 错误设置友好的错误页面

首先,在工程的 WebContent 目录下创建 error 目录(专门用来存放错误处理页面),然后在 error 目录下编写针对 404 错误的 error404. jsp,参考代码如下:

```
<center><font color="red"><h3>对不起,你访问的页面不存在! </h3></font></center>
```

再在 error 目录下编写针对 500 错误的 error500. jsp,参考代码如下:

```
<font color="red"><h3>对不起,你访问的页面发生错误,请与网站管理员联系! </h3></font>
```

最后,在 web. xml 文件恰当位置加入代码如下:

```
<error-page>
    <error-code>404</error-code>
    <location>/error/error404.jsp</location>
</error-page>
<error-page>
    <error-code>500</error-code>
    <location>/error/error500.jsp</location>
</error-page>
```

3. 为整个工程中的所有需要登录才能访问的页面添加限制非法访问的处理

首先,在 WebContent 下创建 include 目录,在此目录下编写限制非法访问的文件 isLogin. jsp,用户非法时自动跳转到登录页面,关键代码如下:

```
<% @ page language="java" pageEncoding="UTF-8"% >
<% if(session.getAttribute(common.Constant.USERNAME)= =null){
    response.sendRedirect("/test/login/login.jsp");
} //本例中用到的工程名是test,读者根据实际情况改成自己的。
%>
```

其次,在工程中所有需要登录才能访问的页面头部添加代码:

```
<% @ include file="include/isLogin.jsp"% >
```

8.2 巩固与提高

选择题

(1)项目的欢迎页是在( )是设置的。

    A. web. xml   B. login. jsp   C. index. jsp   D. main. jsp

(2)项目的错误页的配置是在 web. xml 文件中通过( )标签设置的。

    A. <filter></filter>   B.

    C.   D.

第九章 项目测试——新闻发布系统的测试阶段

9.1 新闻发布系统的用户验收测试

在本节将学习：
- 用户验收测试的概念和内容；
- 如何进行功能测试；
- 如何填写功能测试报告。

参照功能测试文档的内容进行新闻发布系统的功能测试,并根据测试的结果填写测试报告。

9.1.1 用户验收测试基本理论

用户验收测试是软件开发结束后,用户对软件产品投入实际应用以前进行的最后一次质量检验活动。它要回答开发的软件产品是否符合预期的各项要求,以及用户能否接受的问题。用户验收测试可分为两大部分:软件配置审核和可执行程序测试。

软件配置审核包括文档审核、源代码审核、配置脚本审核、测试程序审核和脚本审核。审核要达到的基本目标是:根据共同制定的审核表,尽可能地发现被审核内容中存在的问题,并最终得到解决。在根据相应的审核表进行文档审核和源代码审核时,还要注意文档与源代码的一致性。

可执行程序测试包括功能、性能等方面的测试,每种测试也都包括目标、启动标准、活动、完成标准和度量5个部分。具体的测试内容通常包括:安装(升级)、启动与关机、功能测试(正例、重要算法、边界、时序、反例、错误处理)、性能测试(正常的负载、容量变化)、压力测试(临界的负载、容量变化)、配置测试、平台测试、安全性测试、恢复测试(在出现掉电、硬件故障或切换、网络故障等情况时,系统是否能够正常运行)、可靠性测试等。

如果执行了所有的测试案例、测试程序或脚本,用户验收测试中发现的所有软件问题都已解决,而且所有的软件配置均已更新和审核,可以反映出软件在用户验收测试中所发生的变化,用户验收测试就完成了。

注意:本章并不打算将用户验收测试的所有内容展现出来,下面仅仅就某个公司的用户功能测试文档给读者介绍一下用户验收测试中的可执行程序测试之功能测试如何进行。

9.1.2 项目测试文档的介绍

1. 文档抬头

文档抬头格式如图9.1所示。

测试用例及记录

产 品 名 称	新闻发布系统	产品编号	××××××
项 目 名 称	新闻发布系统	项目编号	××××××
测 试 阶 段	功能测试	责 任 人	项目组长/项目经理
测 试 点 说　　明	新闻发布系统主要模块功能测试		

图9.1　测试文档抬头

文档抬头说明：

● 文件编号：一般由公司质量管理部门统一编制的标识文档类型的唯一编号,这个编号是固定的。

● 文件名：测试用例与记录,这个表明是一个详细的测试,有用例设计和测试结果的记录。

● 产品名称：要测试的产品的名字,由开发产品时所定义的正式名称。若是项目开发则没有此项。

● 产品编号：要测试的产品的编号,由开发产品时所定义的唯一编号。若是项目开发则没有此项。

● 项目名称：要测试的项目的编号,由开发项目时所定义的正式名称。若是产品开发则没有此项。

● 项目编号：要测试的项目的编号,由开发项目时所定义的唯一编号。若是产品开发则没有此项。

● 测试阶段：分为单元测试(功能测试)、整合测试(集成测试),本章的内容只是功能测试。

● 责任人：不是测试人员,一般是项目负责人或者项目组长,或者测试组长。

● 测试点说明：对本次测试的主要内容进行概述。

2. 文档正文

文档正文格式如图9.2所示(以注册为例)。

文档正文说明：

(1)标题

说明测试的内容是系统中的哪一个部分。标题级别分多级,按照主模块→子模块→功能→子功能的原则分级。

要填写的表格内容包括3部分:用例设计、测试记录、备注。

(2)用例设计

测试目的:描述通过该项测试能够证明某项功能是否运行正常。

测试类型:这里是功能测试。

测试先验条件:指在进行本项测试之前需要具备(证明)的条件。

操作过程及输入数据:包含两个方面的内容,首先是操作的过程(步骤)要描述,其次是在操作过程中要输入的各项数据。

1 标题：注册模块（模块名）

1.1 标题：注册（模块下面的子功能名）

用例设计	测试目的	未注册用户通过注册成为注册用户			
	测试类型	功能测试			
	测试先验条件	未注册用户，数据库中建立相关用户表结构			
	操作过程及输入数据	1. 新闻发布系统→用户登录→用户注册（填写用户资料）→提交。 2. 用户id、用户名、用户登录密码（两次）、用户联系方式、验证码（若有的话）			
	预期结果	1. 对未注册的用户id能正确注册 2. 对已经注册的用户id提示不能注册			
测试记录	测试人	平志峰		测试日期	2007-12-15
	本次测试输入数据	测试1：用户id：001、用户名：我是110、用户密码：110、联系方式：110、验证码：0011			
		测试2：用户id：001、用户名：我是119、用户密码：119、联系方式：119、验证码：0099			
	测试结果	测试1注册成功，测试2因为id号重复注册失败 均符合预料结果			
	缺陷优先级	□非常紧迫 □紧迫 □重要 □一般	问题性质	□一般 □严重 □致命 □死机	出现时机	□随机 □可再现
备注	同一个ID只能注册一次				

图9.2　测试文档正文-注册为例

预期结果：指测试所设想的结果，结果中应该有正常流程的结果和错误处理的结果。

（3）测试记录

测试人：测试该项功能的人员。

测试日期：测试该项功能的时间。

本次测试输入数据：在测试过程中所输入的所有数据罗列在这里，测试数据最好有两组以上。

测试结果：如实描述在测试中程序给出的结果，然后给出结论：符合预期结果还是不符合。

缺陷优先级：测试中出现问题的紧迫程度，若测试通过则不填写此项。

问题性质：反映测试中出现问题的严重程度，若测试通过则不填写此项。

出现时机：确定问题出现是否有规律可循，若测试通过则不填写此项。

（4）备注

填写关于测试中需要注意的事项。

9.1.3　工作实施

1.用例设计

根据功能结构图确定要测试的功能。

对每个具体功能的执行情况进行分析：预想一下有几种执行正确的情况、执行错误的情况，把预想的每一种情况记录成一个用例。

2.用例测试

根据步骤1分析得到的用例进行实际运行,记录下每个用例运行的结果。

3.填写测试文档

将预想的用例和运行的实际结果按照测试文档的格式编写成测试文档。

9.2 巩固与提高

选择题

(1)软件测试的作用是对开发出的软件提供(　　)的依据。

    A.验证 　　　　B.确认 　　　　C.设计 　　　　D.判断

(2)随着软件确认测试阶段的结束,《软件测试报告》通过评审和批准,建立(　　)基线。

    A.功能 　　　　B.分配 　　　　C.设计 　　　　D.产品

10.1 用户管理模块

10.1.1 需求说明

用户管理模块包括查看用户信息、查看用户信息详情、修改用户和删除用户信息 4 个功能。用户信息包括用户名、用户密码、性别、职业、个人爱好、个人说明、个人权限。除管理员外所有用户都是通过注册方式产生。每个用户被设置不同的角色,角色不同,操作使用本系统的权限不同。系统设立两种角色:管理员、普通用户。只有管理员才可以查看、修改和删除用户信息。

1.用例图

用户管理模块用例图如图 10.1 所示。

图 10.1 用户管理模块用例图

2.画面效果

用户管理模块画面效果分别如图 10.2 至图 10.5 所示。

图 10.2 管理员查询初始画面

注意:图 10.3 中职业包括学生、教师、工人。如果没有输入用户名和职业就查询所有用户信息。

注意:图 10.4 中单击返回按钮时转回查询界面。

图 10.3 管理员查询和删除画面

图 10.4 查看详情画面

图 10.5 修改用户信息画面

注意:在图 10.5 中,修改用户信息时,用户名和权限不能修改,密码位数必须在 6 到 12 位之间,单击提交后修改用户信息,成功后返回修改页面,如果修改失败则给出失败信息提示,单击返回按钮转向查询页面。

10.1.2 业务流程图

修改个人信息的流程图如图 10.6 所示。

管理员查看、修改、删除用户信息的流程图如图 10.7 所示。

注意:图 10.7 中①是查询操作,②是查看用户详情,③是修改用户信息,④是删除用户信息。

图 10.6 修改个人信息流程图

图 10.7　管理员查看、修改、删除用户信息流程图

10.1.3　实现步骤

1. 实现根据条件查询用户信息

　　①创建查询用户信息前台页面并验证页面输入项。

　　②创建业务逻辑处理类编写一根据用户名、职业查询用户信息的方法（如果未输入任何信息就查询所有用户信息）。

　　③创建 Servlet 类获取当前用户数据的数据调用业务逻辑方法保存所返回的数据。

　　④查询前台页面显示用户信息。

　　⑤修改配置文件。

　　⑥调试输出。

2.实现查看用户详细信息

①创建查看用户详情前台页面(每一项都不可编辑)。

②创建业务逻辑处理类编写一根据用户名查询用户信息的方法。

③创建 Servlet 类获取当前登录用户的用户名并调用业务逻辑方法保存所返回的数据。

④前台页面显示用户信息。

⑤修改配置文件。

⑥调试输出。

3.实现修改用户信息

①创建修改用户信息前台页面并验证页面输入项(用户名不可编辑)。

②创建业务逻辑处理类编写一根据用户名获取用户信息的方法。

③创建 Servlet 类获取修改用户的用户名并调用业务逻辑方法保存所获取的用户信息并转向前台修改页面。

④前台页面显示所获取的用户信息。

⑤业务逻辑处理类增加一根据用户名修改用户信息的方法。

⑥创建 Servlet 类获取当前用户数据的数据调用业务逻辑方法。

⑦修改配置文件。

⑧调试输出。

4.实现删除用户信息

①创建业务逻辑处理类编写一根据用户名删除用户信息的方法。

②创建 Servlet 类获取删除用户的用户名并调用业务逻辑方法并转向前台查询页面。

③修改配置文件。

④调试输出。

⑤将用户管理模块加入到主界面的菜单项中。

10.2　密码修改模块

10.2.1　需求说明

用户登录进入系统后随时都可以修改自己的个人密码。

画面效果

修改个人密码画面效果如图 10.8 所示。

图 10.8　修改个人密码画面

10.2.2 业务流程图

修改密码信息的流程如图 10.9 所示。

图 10.9　修改密码信息流程图

注意：只有当前登录用户能修改自己的个人密码。

10.2.3 实现步骤

实现当前登录用户修改密码信息的步骤如下：

①创建修改密码前台页面并验证页面输入项。

②创建业务逻辑处理类编写一根据用户名修改密码的方法。

③创建 Servlet 类获取前台页面数据并调用业务逻辑方法。

④修改配置文件。

⑤调试输出。

⑥将密码修改加入到主界面的菜单项中。

10.3　退出登录模块

10.3.1 需求说明

用户单击退出登录后，退出本系统转向到登录页面，只有重新登录才能进入本系统，对于本功能是所有用户都可以操作。

10.3.2　实现步骤

实现用户退出登录的步骤如下：

①在主界面的菜单项中添加退出登录。

②创建 Servlet 类,该类中实现清除 session 范围内所保存的所有当前用户登录信息并转向登录页面。

③在退出登录上添加超链接转向,并请求对应的 Servlet。

10.4　字符集过滤器

10.4.1　需求说明

用户在页面输入数据时,如果输入的数据是中文,那么将这些数据提交到后台程序当中,通常会出现乱码的形式,通过字符集过滤器解决中文乱码的问题。

10.4.2　实现步骤

创建 Filter 类实现字符集过滤,将通过过滤器的数据格式设置为 UTF-8。

10.5　限制用户非法访问的处理

10.5.1　需求说明

问题现象:用户知道具体页面或后台程序地址后,绕过登录直接输入地址访问该页面或后台程序。

问题解决思路:首先,确保登录的时候在 session 中保存用户登录信息;然后编写用户权限过滤器,在过滤器中根据 session 中存放的用户信息来判断用户是否登录,若有用户信息,则认为用户已经登录,是合法用户,反之,则是非法用户。对于非法用户则直接跳转到登录页面让用户重新登录。

新的问题:哪些用户请求过滤器不用拦截,哪些用户请求需要拦截? 不需要拦截的用户请求分为两类:①如果用户请求的是登录页面、注册页面的地址,以及这些页面所涉及的 ajax 请求(比如验证用户名不能重复的请求等)和页面表单提交所涉及的后台程序地址;②如果用户请求的是图片,CSS 或者是 Javascript,这两类用户请求过滤器不应拦截。

10.5.2　实现步骤

限制用户非法访问的步骤如下:

①创建用户权限过滤器类实现限制用户非法访问。

②将需要拦截的页面资源放在同一个目录下（如将需要拦截的页面放在/admin 目录下）。

③在 web.xml 文件中对每一个需要拦截的 Servlet 的具体映射路径前加上"/admin"。

④在 web.xml 文件中配置用户权限过滤器的拦截地址为"/admin/＊"，即拦截用户请求地址中含有 admin 的所有用户请求。